中国教师发展基金会教师出版专项基金资助

菜田土肥水

高效综合管理技术与应用

CAITIAN TU FEI SHUI GAOXIAO ZONGHE GUANLI JISHU YU YINGYONG

肖建中　卢树昌◎编著

化学工业出版社

·北京·

本书在介绍蔬菜品种及其生长特点的基础上，综合考虑蔬菜对土、肥、水的需求和供应特点，系统介绍了蔬菜水肥管理技术、土壤改良技术以及土壤-植株主要养分测试技术等，为具体生产提供了科学实用的技术指导。

图书在版编目（CIP）数据

菜田土肥水高效综合管理技术与应用/肖建中，卢树昌编著．—北京：化学工业出版社，2013.7
ISBN 978-7-122-17410-9

Ⅰ．①菜…　Ⅱ．①肖…②卢…　Ⅲ．①蔬菜-土壤管理②蔬菜-肥水管理　Ⅳ．①S63

中国版本图书馆 CIP 数据核字（2013）第 104523 号

责任编辑：刘亚军
责任校对：边　涛

出版发行：化学工业出版社（北京市东城区青年湖南街 13 号　邮政编码 100011）
印　　装：北京云浩印刷有限责任公司
850mm×1168mm　1/32　印张 6½　字数 206 千字
2013 年 8 月北京第 1 版第 1 次印刷

购书咨询：010-64518888(传真：010-64519686)　　售后服务：010-64518899
网　　址：http://www.cip.com.cn
凡购买本书，如有缺损质量问题，本社销售中心负责调换。

定　　价：30.00 元　　　　　　　　　　　　版权所有　违者必究

前　　言

　　蔬菜产业是我国农业的主要支柱产业之一。如何利用有限土地来生产更多的蔬菜成为关系民生的大事。自 20 世纪 80 年代以来，我国种植业结构调整力度日益加大，蔬菜种植比重大幅度上升。蔬菜播种面积占农作物总面积的比重由 1980 年的 2.2％上升至 2010 年的 11.8％。2010 年我国蔬菜面积和产量分别达到 2307.3 万公顷、5395.9 万吨。目前，我国蔬菜面积和产量分别占世界蔬菜总面积和总产量的 42.3％、52.1％，成为世界上最大的生产大国。近 30 年蔬菜产业的快速发展，其中主要原因是由于设施蔬菜的快速发展。据农业部资料显示，30 年来设施蔬菜的增长速度平均为 65％。全国设施面积由 1980 年的 0.72 万公顷增长至 2009 年的 502 万公顷。我国设施蔬菜产业在丰富城乡菜篮子、解决长期困扰我国北方地区的冬淡季蔬菜供应问题大幅度提高农民收入、解决"三农"问题、带动其他相关行业发展、增加就业问题等方面做出了历史性贡献。天津市作为北方重要的经济中心，农业多元化结构特色明显，经济作物比重已经超过了 50％。天津市蔬菜产业呈现快速发展趋势，蔬菜播种面积占农作物总面积的比重由 1980 年的 5.5％上升至 2010 年的 18.5％。其中，2010 年设施蔬菜栽培面积约 4.7 万公顷，占蔬菜总面积的一半以上，平均以每年 10 万亩的速度发展。天津市设施农业的发展速度及比重已居全国前列。设施蔬菜生产具有高投入、高产出、高效益的特点，集约化程度很高。受集约化高产出、高投入的利益驱动，盲目施肥、灌溉成为菜农传统蔬菜管理体系中的普遍模式。另外，设施菜田常年处于半封闭状态下，具有气温高、湿度大的特点，土传病害滋生严重。因此，设施农业生产中土壤、施肥、灌水等管理不当问题已经成为制约设施农业健康发展的重要因素。温室土壤质量下降问题越来越受到人们的关注，如何阻控土壤质量退化，修复并保持土壤健康，实现设施蔬菜产业可持续发展是设施蔬菜生产上亟待解决的问题。

　　本书基于作者近些年主持天津市科技攻关项目"无公害流通保鲜关键技术开发与集成应用示范"和"基于高湿预冷保鲜和差压保鲜技术高附加值无公害蔬菜设施化生产"、天津市应用基础及前沿技术研究计划项目"设施农业氮磷面源污染风险评价与调控研究"(09JCYBJC08600)、天津市农业科技成果转化与推广项目"设施菜地连作障碍综合控制技术的集成与示范"(0804140)和"出口蔬菜微加工与流通保鲜技术开发与示范"、科技人员服务企业项目"设施蔬菜安全生产全程质量控制技术开发"的调研数据、研究成果和蔬菜流通经营的经验，融合近年来蔬菜产业发展中出现的新理论观点，从天津主要蔬菜生长特点、水肥需求、土壤养分供应特征及土、肥、水高效管理等几方面编著而成。可作为广大菜农提高菜田高效管理技术的培训资料以及菜田研究管理人员的参考用书。全书由天津市武清区种植业发展服务中心（原天津市武清区农业局）肖建中高级农艺师和天津农学院卢树昌教授共同编著完成，最后由卢树昌教授进行统稿与润色。

　　在数据调研和书稿编写过程中，各区县农业系统同行给予了热情帮助，提出了许多宝贵建议。另外，天津农学院诸多老师在资料查询检索方面给予了无私的帮助与大力支持，在此一并深表感谢！

　　由于水平所限，加之时间仓促，缺点和错误在所难免，恳请广大读者和同行专家批评指正。

作者
2013 年 3 月于天津

目　　录

第一章　北方主要蔬菜的生长特性

蔬菜是市民餐桌上不可缺少的食物。蔬菜品种很多，其中可以大规模栽培的有 50～60 种。不同蔬菜的生长习性各异，其对土壤的要求、水肥的需求特点差异很大。即使同种蔬菜在不同的季节栽培，对水肥的吸收特性亦存在很大差异。随着蔬菜栽培品种的不断更新，栽培茬口的日益复杂，蔬菜对土壤质量、水肥管理和种植技术的要求越来越高。今后，绿色、无公害蔬菜生产将是大都市蔬菜业发展的必然方向，蔬菜生产中土、肥、水资源的有效管理将是发展蔬菜产业可持续发展的重要保障。

第一节　蔬菜生长概述

一、蔬菜的类型

根据蔬菜生长周期的长短，可将蔬菜植物分为一年生蔬菜、二年生蔬菜、多年生蔬菜和无性繁殖蔬菜四类。

根据蔬菜作物对温度的要求不同，可将蔬菜分为耐寒性多年生宿根蔬菜、耐寒性蔬菜、半耐寒性蔬菜、喜温蔬菜和耐热蔬菜五类。

根据蔬菜作物对光照强度的不同要求，可将其分为：要求强光照的类型（如西瓜、甜瓜、南瓜、番茄、茄子等，以及一些耐热的薯芋类，如芋头、豆薯等）；需光适中的类型，有白菜类、根菜类和葱蒜类（如白菜、胡萝卜、大蒜等）；对光照要求较弱的类型，有绿叶蔬菜（如菠菜、茼蒿、芹菜）和薯芋类（如生姜）等。

二、蔬菜生长发育特点

由于蔬菜种类的多样性，其生长发育的速度和特性是多种多样的。通常的蔬菜生长发育，是从种子发芽到重新获得种子的整个过程，这个过程可分为种子期、营养生长期和生殖生长期三个时期。在每个不同的时期，都有它们各自的生长特点，对环境条件也各有其特殊要求。在生产管理上要针对其不同的生长发育时期区别管理。

温度、光照、水分、营养、气体等环境条件与蔬菜的生长发育与蔬菜作物的生长发育密切相关。

在众多的环境条件中，蔬菜生长发育对温度最敏感。各种蔬菜的生长发育，对于温度都有一定的要求，而且都各自有最低温度、最适温度和最高温度"三个基点"。对于有些蔬菜作物，它们必须经过一定时间的低温，才能开花结实，这种现象称为春化作用。如果人工施加低温处理，代替自然界的低温，促进植物通过春化，这种处理称为春化处理。需要通过春化才能开花结实的蔬菜植物中，有的在种子吸胀后开始萌动时就可被春化这类蔬菜有白菜、芥菜、萝卜、菠菜、茼蒿等；还有一些蔬菜，必须在幼苗长到一定大小后，才能接受春化，如甘蓝、大蒜、大葱、芹菜等。

光照是植物生长发育所必要的环境条件之一，也是植物进行光合作用不可缺少的条件。日照的强度和长短还会影响植株的生长发育与形态解剖。

对于植物个体的生长来看，不管是整个植株重量的增加，还是茎的伸长，叶面积的扩大或果实、块茎体积的增加，都不是无限的，都有一个生长的速度问题。生长的最基本的方式是：初期生长较慢，中期生长逐渐加快，当速度达到高峰以后，又逐渐缓慢下来，到最后生长停止，即所谓的"S"形生长曲线。生长过程中每一时期的长短及其速度，一方面受该器官生理机能的控制，另一方面受到外界环境的影响。我们可以通过栽培措施来控制产品器官生长速度和生长量，达到高产的目的。

三、蔬菜根系生长特点

蔬菜作物品种多样，生长期短，复种指数高。与大田作物相比，其根系生长有如下特点。

（一）蔬菜作物根系分布较浅

蔬菜作物生长期短，大部分蔬菜的根系主要集中在0～30cm的土壤表层。在肥水条件充足或者节水灌溉的栽培系统中，蔬菜根系不需要下扎很深就可以获得足够的水肥，因此根系会分布在更浅的土层（如图1-1所示）。

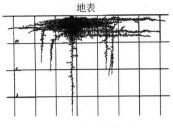

图 1-1 黄瓜播种后
40天根系分布图

主要蔬菜作物的有效根系分布深度以番茄、西葫芦、芦笋、南瓜、西瓜等较深，芹菜、菠菜、生菜、茴香和萝卜等蔬菜较浅。如表1-1所示。

表 1-1 主要蔬菜作物的有效根系分布深度

蔬菜作物	有效根深/cm	蔬菜作物	有效根深/cm
芦笋	60	香瓜	60
甜菜	30	豌豆	45
西兰花(青花菜)	30	胡椒	45
甘蓝	45	马铃薯	45
胡萝卜	30	南瓜	60
花椰菜	30	萝卜	15
芹菜	15	芥菜	30
香葱	15	葱	30
羽衣甘蓝	45	食荚菜豆	45
甜玉米	60	菠菜	15
黄瓜	45	西葫芦	60
茄子	45	甘薯	60
茴香	15	芥兰	45
大头菜	45	番茄	60
生菜	15	西瓜	60

（二）蔬菜作物根系对养分需求量高

蔬菜作物对养分吸收量，很大程度上取决于根系的发育特点。一般根系深而广、侧根多、根毛发达以及根系较大的蔬菜根系与土

3

壤的接触面积大，能吸收较多的养分，如南瓜、茄子、胡萝卜等。而根系发育差、分布浅、开展度小的蔬菜根系，吸收养分能力较差，如黄瓜、莴苣等。作物根系盐基代换量是衡量根系活力的主要指标。与禾本科作物相比，蔬菜阳离子代换量高很多，养分吸收强度大。蔬菜作物体内含钙、镁较多，含钙尤其突出，一般为小麦的5倍左右，萝卜吸钙量比小麦高10倍。

（三）蔬菜作物根系要求土壤温度适中

由于照射到地表的太阳辐射有明显的日变化和季节变化，所以土壤温度状况也有明显的日变化和年变化。这些变化除受太阳辐射的影响外，还受一些其他因素的影响，包括气象因素、菜田土壤本身性质、地理位置和蔬菜覆盖等。

图1-2是不同深度土壤温度的月变化，土壤表层温度随气温的变化而变化。土壤温度起伏波动，基本上与大气温度同步，全年表层15cm土层的平均温度较气温高，心土层则秋冬比气温高，而春夏低。随着土层深度增加，波动幅度变小且峰值出现时间较气温滞后。除表层温度在短时间内的变化较大外，心土层的温度变化是相当平缓的。土温全年变化在晚秋-冬天-早春阶段，表土层温度低于心土层，热流是由土壤深处向地表扩散。而在晚春-夏天-早秋阶段，表土层温度高于心土层，热流是由表土层向土壤深处运动。一般说，季节变化的变幅随深度的增加而减小。在高纬度消失于25m深处，在中纬度消失于15～20m深处，在低纬度则消失于5～10m深处。1米以内土层温度随季节的更替变化比较大，但在土层3m处一年四季土温基本处于20℃左右，比较平稳变化不大。见图1-3。

土壤温度与设施蔬菜作物根系生长的关系很密切。一般根系在2～4℃时开始微弱生长，10℃以上根生长比较活跃，土温超过30～35℃时根系生长便受到阻碍。夏季土温过高，常使根系组织加速成熟，甚至发生"烧根"现象或幼茎"烧伤"现象。冬季土温过低易产生冻害，并影响蔬菜作物根系对水肥的吸收。如茄果类蔬菜是喜温型作物，育苗适宜温度白天25～30℃、夜间15～20℃。土温超过了作物生长所能忍耐的最高或最低限度时，作物生长就会受到阻碍。近几年，天津地区早春气温偏低，土壤温度低于常年同期水

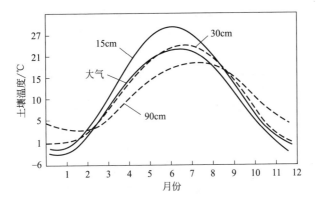

图 1-2　大气和土壤月平均温度变化

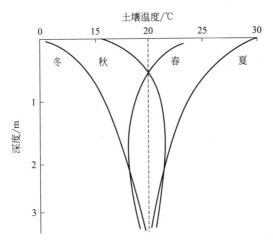

图 1-3　华北地区随季节变化的土壤温度剖面

平，蔬菜作物根系活动缓慢，地上部生长受到影响。

（四）蔬菜作物根系呼吸需氧量大

蔬菜作物主要靠根系吸收营养，根系生长旺盛，是保证蔬菜高产优质的基础。要使蔬菜有旺盛的根系活力，除了需要一定的地温作为保证外，还需要土壤有含量较高的氧气，供根系呼吸用。土壤通气状况良好是蔬菜作物正常生长发育的重要条件。不同种类的蔬菜对土壤含氧量的敏感程度不同，萝卜、甘蓝、豌豆、番茄、黄瓜、菜豆、辣椒等对土壤含氧量敏感，氧不足时，其生长发育受影响较大，而蚕豆、豇豆和洋葱等在土壤氧气不足时，相对受影响较小。茄子介于上述两种类型之间。

土壤水分过多，会造成土壤通气不畅。在通气不畅的缺氧条件下，将使蔬菜根系窒息；同时，土壤中产生硫化氢和甲烷等有害气体，毒害根系。因此，蔬菜适合种植在通气性良好、微酸到中性、肥力较高的土壤中。在生产上，通过土壤深翻、施肥管理改善土壤理化性状，逐步培肥地力，采取地下灌溉、灌水后及时中耕松土等措施，均可为蔬菜根系创造一个良好的通气环境。蔬菜土壤采用渗灌、微灌等方式灌溉，可减少土壤的紧实作用，与大水漫灌方式相比，可显著改善土壤通气状况，土壤通气孔隙增加，在高温季节早、晚进行"冷凉灌溉"，大雨过后适时中耕，也可增加土壤的通透性，促进根系生长，可明显提高蔬菜产量。

第二节　几种蔬菜生长发育特点

我国北方地区蔬菜种植中，叶菜类以大白菜、结球甘蓝、芹菜、菠菜等蔬菜为主，茄果类以番茄、辣椒、茄子等蔬菜为主，瓜菜类以黄瓜、西葫芦、南瓜、冬瓜等蔬菜为主，根菜类以萝卜为主，葱蒜类以大葱、大蒜为主。下面介绍几种北方主要蔬菜的生长发育特点。

一、大白菜

大白菜为一、二年生草本植物，可以形成叶球。根系为直根系，主要根系分布于 25～35cm 深的土层中。大白菜耗水量大，不耐湿，半耐寒性，耐热能力差，要求土层较深厚，供肥能力高，土质为砂壤，土壤 pH6.0～7.0。其生长发育过程分为营养生长和生殖生长两个阶段。营养生长阶段包括发芽期、幼苗期、莲座期、结球期。生殖生长阶段包括返青期、抽薹期、开花期和结实期。

1. 营养生长期

此期主要是营养器官的生长和分化。后期也分化生殖器官。

（1）发芽期　从播种到基生叶展开为发芽期，主要是依靠种子储藏的营养物质生长成幼芽的过程，大约 3～4 天。发芽期结束的标志是，基生叶与子叶垂直交叉呈十字形，称为"拉十字"期，也称"破心"，此期主根长 15～20cm，有侧根 2～3 条，侧根长 3～4cm。种子质量好，播种深度、温度和湿度适宜，对发芽和以后各个时期生长都有利。

（2）幼苗期　从"拉十字"到第一个叶环形成为幼苗期。幼苗期结束的临界特征是叶丛成盘状，这一长相称"团棵"。此时主根长约 60cm，侧根发达，并发生多数次级侧根。幼苗期末，萝卜主根开始肥大，主根皮纵向开裂一道口子，随着主根肥大成肉汁根，开裂的表皮蜕去。

（3）莲座期　从团棵至中生叶形成第三个叶环，形成莲座状为莲座期。莲座期除形成莲座叶外，大白菜还分化大部分球叶，当莲座期将结束时，中心的幼小球叶以一定的方式抱合，这一长相称为"卷心"，是莲座期结束的临界特征。萝卜的莲座期是中生叶生长最旺盛时期，也是肉汁根开始肥大生长时期。

（4）白菜结球期　大白菜结球期是由顶生叶的生长而形成叶球的时期，此期又可分为前、中、后三期。前期叶球外层叶迅速生长，构成叶球轮廓，称为"拉筒"或"抽筒"。中期叶球内叶迅速生长充实内部，称为"灌心"或"填心"。后期叶球体积不再增大，继续充实内部，外叶逐渐衰老，叶缘出现黄色。整个结球期是大白菜养分积累时期，即产品形成期。就萝卜而言，此期是肉汁根生长肥大期，肉汁根重量的 98％是此期形成的，也是萝卜产品形成的重要时期。

整个营养生长阶段特点如图 1-4 所示。

2. 生殖生长

大白菜在传统的栽培下，植株在低温条件下休眠后，已满足了其发育所需的条件。第二年春季便进入生殖生长阶段，生成花茎、花枝、花、果实和种子。生殖生长期又可分为抽薹期、开花期、结果期。由于大白菜不仅会在 2～10℃低温下经过 10～15 天通过春化阶段，而且在 10～15℃的中低温条件下经过 30～50 天也会完成春花阶段，易于抽薹，进入生殖生长期，成为一年生植物。所以，

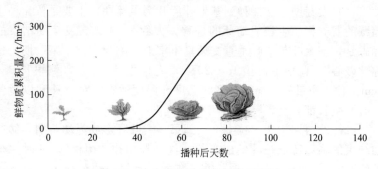

图 1-4　大白菜营养生长阶段示意图

利用冬暖塑料大棚等园艺设施反季节栽培大白菜，其栽培技术关键是严格控制环境条件，避免达到大白菜的春花低温而抽薹开花，尽量创造适于大白菜营养生长的环境条件，使大白菜能迅速生长，结球充实，形成更多产品。

二、芹菜

芹菜为二年生草本植物。直播的芹菜主根较发达，经移植后的主根被切断而侧根发达，根群一般分布在7～36cm的土层中，但多数密布在7～10cm表土范围内。在营养生长阶段，茎短缩，叶片着生于短缩茎的基部，叶为二回奇数羽状复叶，每片叶有2～3对小叶和一片尖端小叶。叶柄发达是主要食用部分，根据不同品种，叶柄的颜色有绿色、淡绿色、黄绿色、白色等。若以叶柄充实程度来分，有空心芹和实心芹，实心芹品质较优。叶柄中各个维管束的外层为厚角组织，并突起而形成纵棱，故使叶柄能直立生长。厚角组织的发达程度与品种和栽培条件密切相关，若厚角组织过于发达，纤维增多，则会降低产品的质量。芹菜的营养生长期包括发芽期、幼苗期、叶片生长期（外叶生长期和心叶生长期）。

1. 发芽期

从种子萌动到两片子叶出土后平展，第一片真叶破心，所经历的时期为发芽期。芹菜发芽期生长缓慢，在适宜的水分。温度和通气条件下，需要12～15天。其中从种子萌动到发出白芽就需要7～9天，在育苗时，需催出白芽后再播种。

2. 幼苗期

从两片子叶出土后平展到长出 6 片真叶所经历的时期为幼苗期，即第一个叶序环期。在适宜温度、水分、光照条件下，此期需35～50 天。芹菜种子小，贮藏的养分有限，加上根系少，对水分的反应很敏感，土壤缺水会严重影响生长，干旱甚至死苗，因此，必须保证水分供应，经常保持土壤湿润，当第 5 片真叶后期，才开始适当控制水分，以促进根系生长，防止徒长。

3. 叶片生长期

此期包括外叶生长期，心叶直立期和心叶肥大期。也是定植后非留种田的栽培期。此期一般经历 60～90 天。幼苗以后（即第七片真叶发出后）进入外叶生长期。定植后的幼苗，随着植株营养面积增大和受光条件改善，外叶开始加快生长，当外叶迅速生长后，叶面积大量增加，当叶面积增加到一定程度，使叶片接收光受到一定影响时，叶片便转向直立生长，此称"立心期"。由此，植株从外叶生长期进入心叶肥大期。立心期以后，心叶不断发出展开，5～8 片真叶迅速肥大生长，每天生长的长度达 2～3cm，因此，进入心叶肥大期后 25～30 天，最大叶片可高达 60cm 以上，达到收获标准。此时芹菜的根系生长正处在旺盛期，须根布满耕作层，地面也浮出一层白根，故菜农称之为"泛根"或"翻地"，此后，主根开始膨大，贮藏大量养分，为通过春花阶段的生殖生长备足养分。

在芹菜营养生长期，前期光照强有利于植株生长矮壮，能充分开张株幅生长，为形成壮株打下基础。而后期光照弱些，使植株直立生长加快，以便形成叶片肥大粗嫩，外形美观的优良商品植株。

整个生长过程如图 1-5 所示。

三、番茄

番茄为一年生草本植物，根系分布广而深，入土深度可达到1m，栽培种经过移栽后，主根被截断，产生许多侧根，大多数侧根分布在表土 30cm 左右，横向扩展可达 0.7～1.0m，到成株时，可达 1.3～1.7m。茎多为半直立，侧枝发芽能力强，在茎节上易发生不定根。根系在定植前生长缓慢，定植后逐渐加快，始花期发育

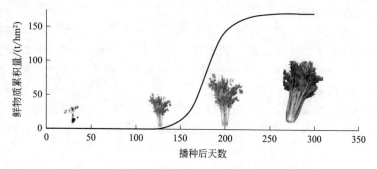

图 1-5 芹菜生长阶段示意图

旺盛，以后随结果数目的增加，根和茎的生长逐渐减慢。幼苗一般在 2～3 片真叶时开始分化第一花序，根据花序着生的位置及主轴生长的特性可分为有限生长类型（自封顶类型）和无限生长类型（非自封顶类型）。其生长发育期一般可分为发芽期、幼苗期、始花着果期和结果期。

1. 发芽期

从种子的胚根开始萌发到子叶出土后胚芽生长出第一片真叶，为番茄的发芽期，在正常的温度、湿度、覆土厚度条件下，这一阶段时间为 7～9 天。

番茄种子正常的发芽，需要充足的水分，适当的温度，足够的氧气。种子吸水量为自然风干重的 85%～90%。按其吸水速度可分为两个阶段：第一阶段吸水快，在温度 20～30℃ 条件下，经 2 小时吸水量可达种子自身风干重量的 60%～65%；第二阶段吸水缓慢，经 5～6 小时吸水量为自身风干重的 25%，从而使种子含水量达到饱和。吸足水分的种子，在 25℃ 和空气含氧 10% 以上的条件下，发芽最快，经 36 小时左右，胚根露出种壳外，而两片子叶仍留在种子内从胚乳吸取储藏的营养物质。进而弯曲的下胚轴开始生长，约经 3 天，穿过覆土层后把子叶带出地面。

2. 幼苗期

从第一片真叶出现到开始现大蕾，这段期间为幼苗期。番茄幼苗期的长短主要取决于温度和品种。出苗后，在日平均温度保持在 25℃ 的条件下，幼苗期仅 40～48 天，若育苗期的日平均温度维持在 15℃，则幼苗期将延长至 66～80 天，通常在昼温 25℃ 和夜温 15℃，日平均 20℃ 的条件下，幼苗期为 50～60 天，一般早熟品种比晚熟品种幼苗期缩短 5～8 天。

3. 开花坐果期

番茄是连续性开花坐果作物，这里指的开花坐果期，仅包括从第一花序出现大蕾至坐果的不长阶段。这一时期正处于大苗定植后的初期阶段。此期主要的生育特点是：开花期早晚直接影响到早熟性，开花期早晚取决于品种、苗龄和定植后的温度条件，早熟品种比中熟和晚熟品种现蕾早，现蕾期越早，苗龄期越短，开花期越提前。相同现蕾期的同一品种，定植后温度管理适当，尤其是在夜温偏低，昼夜温差较大的条件下，可使开花期提前。同一品种，开花期早的比晚的早熟性好。

4. 结果期

从第一花序坐果到全园植株结果结束，都属于结果期，这一时期的生育特点是：果秧同时生长，两者始终存在着矛盾，生长高峰相继周期性出现。

番茄是陆续开花、连续结果的作物，当第一花序果实膨大生长时，第二、三、四、五花序都在不同程度上发育。正在发育的果实，尤其是在开花 20 天内，大量的碳水化合物往果实内输送，各层花序之间合营养生长合生殖生长之间，竞争养分都比较明显。整个生长阶段特点如图 1-6 所示。

四、黄瓜

黄瓜为一年生草本蔓性攀缘植物。根系主要分布在 15～20cm 的土层中，根系木栓化较早，断根后再生能力差，属浅根性蔬菜。茎五棱、蔓性、中空，上有刚毛，皮层薄，髓腔大，机械组织不发达，易折断，但输导性能较好，茎节叶腋间可抽生侧枝，一般早熟品种侧枝较少，中、晚熟品种侧枝较多。第三叶后，每一叶腋均产生不分枝的卷须，植株可借以攀缘在其他支持物上。花单性，同株异花，雄花数目多，雌花数目少，花冠下部有长形的子房可发育成果实。有时会产生少量全雄株或全雌株，或两性完全花，果实为假果，由子房和花托合并发育而成。黄瓜分华南型黄瓜及华北型黄

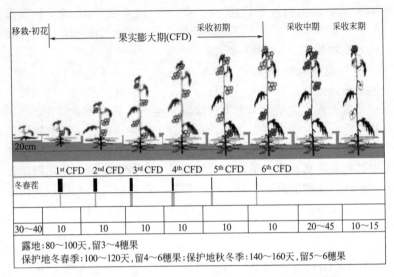

| 移栽-初花 | 果实膨大期(CFD) | 采收初期 | 采收中期 | 采收末期 |

| 1st CFD | 2nd CFD | 3rd CFD | 4th CFD | 5th CFD | 6th CFD |

冬春茬

| 30～40 | 10 | 10 | 10 | 10 | 10 | 10 | 20～45 | 10～15 |

露地：80～100天，留3～4穗果
保护地冬春季：100～120天，留4～6穗果；保护地秋冬季：140～160天，留5～6穗果

图1-6 番茄生长发育规律示意图——以保护地为例

瓜，华南型黄瓜茎粗，节间短，叶片肥大，根系繁茂，果实短粗，果皮较硬，无棱，瘤刺稀。华北型黄瓜茎节较细长，叶薄而棱角显著，根系稀疏再生能力弱，果实长而瘤刺密。黄瓜的生育周期大致分为发芽期、幼苗期、初花期和结果期四个时期。

黄瓜的生育周期因品种熟性和栽培环境条件不同而天数多少不等，极早熟和早熟品种露地栽培，一般为90～150天，早中晚熟品种保护地栽培条件下。特别是通过以黑籽南瓜为砧木嫁接的，生育期可达270天以上。一个生育中期分为发芽期、幼苗期、初花期和结果期四个时期。

1. 发芽期

从播种以后到第一片真叶出现为发芽期，时间为5～6天。这一时期要求较高的温湿度和播种土层通气条件良好，以促进种子出苗早、出苗齐，出苗壮，无病虫危害，如果嫁接，成活率高。

2. 幼苗期

从第一片真叶出现到4～5片真叶期的定植前为幼苗期，此期需30～40天，此期是花芽分化和奠定前期产量的，在管理措施上要体现促、控结合，温湿度管理上原则上是前促后控，此期管理的主攻方向是在促进根系发育的同时，促进花芽分化，增加雌花花芽分化的比例，保证多结瓜。

3. 初花期

从达到适龄大壮苗定植到第一朵花开放时，为初花期，此期约需 25 天，进入了营养生长与生殖生长并进的时期，植株需肥需水量逐渐增大。此期在植株养分的分配上容易出现竞争现象，如若根茎叶营养器官生长占优势，则养分重点向这些营养器官输送，使花蕾的生长因养分供应不足而受到限制，造成花蕾不发达，甚至落花落蕾。反之，如果生殖器官生长占优势，则养分重点向花蕾输送，致使植物根茎叶等营养器官的生长因养分供应不足而缓慢瘦弱。因此，此期栽培管理的主攻方向是促进植物营养生长和生殖生长的协调双旺，既增加叶面积又增加雌花数量，搭好丰产架子。

4. 结瓜期

从坐住根瓜直到藤蔓拉秧为结瓜期。此期是形成产量的最关键时期，应围绕促进生殖生长和营养生长并进双旺、延长结瓜时间和延长叶片寿命、确保植株持久不衰、不出现结瓜的间歇现象为重点，采取调控好光照、温度、空气湿度、二氧化碳浓度等环境条件，满足水肥供应，及时防治病虫害等栽培管理措施，夺取黄瓜高产。

整个生长阶段特点如图 1-7 所示。

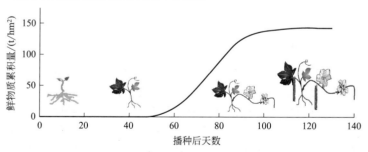

图 1-7　黄瓜生长阶段特点示意图

五、萝卜

萝卜为一、二年生草本植物，是根菜类主要蔬菜之一。萝卜属深根性作物，小型萝卜的根深 60～150cm，展度 60～100cm，大型萝卜在近采收时根深达 178cm，侧根展度达 246cm，萝卜肉质根的形状、大小、色泽等因品种不同而异，根有圆、扁圆、长圆筒、长圆锥等形，皮有白、粉红、紫红、青绿等色，肉色多为白色，也有青绿、紫红等色。萝卜由胚轴、胚根形成肥大的肉质根。且肉质根大小差异很大，小者单株重 10 克多，大者重达 10～15kg。萝卜的叶在营养生长时期丛生于短缩茎上，叶丛伸展有直立和平展等方式。其生育期可分为营养生长和生殖生长两个时期，而营养生长时期又分为发芽期、幼苗期、莲座期和肉质根生长期。

六、茄子

茄子为一年生草本植物，根系发达，成株根系可深达 1.3～1.7m，横向伸长可达 1～1.3m，主要根群分布于 33cm 内的土层中，根系木质化较早，损伤后再生能力差。茄子喜光、高温，产量高，需水量大，比较耐肥，对土壤水分要求严格。适于富含有机质、土层深厚、保水保肥能力强、通气排水良好、中性土壤生长。茄子开发部位的枝条上可展出 4～5 片叶子。茄子结果和分枝是一致的，每一次分枝结一个茄子，第一次分枝结的果实叫门茄，第二次分枝结的果实叫对茄，第三次分枝结的称四母斗，第四次结的称八面风，后面分枝结的果实称满天星。茄子生长发育期一般分为发芽期、幼苗期、开花坐果期和结果期。

七、大蒜

大蒜为一、二年生草本植物。根系为弦线状肉质须根，属浅根性蔬菜，根系主要分布在 25cm 以内的表土层中，横展直径 30cm，对水肥的反应较为敏感，表现为喜湿喜肥的特点。播种前，蒜瓣基部已形成根的突起，播后遇到适宜条件，一周内便可发出新根 30余条，而后根数增加速度减慢，根长却迅速增加。退母后又发生一批新根。采薹后根系不再生长，并开始衰亡。抽薹时顶生花芽，同时花茎周围叶芽间形成侧芽，即蒜瓣。蒜薹顶部有大花苞，其内聚生鳞茎和花，大蒜的花虽为两性花，但一般不结实。大蒜鳞茎由鳞芽、叶鞘和短缩茎三部分组成，是鳞芽的集合体，也是大蒜的主要的产品器官。大蒜的品种分类，如以蒜色泽分类，可分为白皮蒜和紫皮蒜，以蒜瓣的大小可分为大瓣蒜和小瓣蒜。大蒜的生育期分为萌芽期、幼苗期、鳞芽及花芽分化期、蒜薹伸长期、鳞芽膨大盛期、休眠期。

八、大葱

大葱分为普通大葱、分葱和楼葱三个品种，北方主要栽培的是普通大葱，为二年生耐寒性蔬菜。根为白色弦线状须根，粗度均匀，分生侧根少，吸肥弱，需肥量大，耐旱不耐涝，保水力强，水分消耗小。对土壤适应广，但以土层深厚、排水良好、富含有机质的壤土为最好。土壤酸碱性以中性为好。大葱生长的温度范围为7～35℃，19～25℃全株重量增长最快。对光照要求不严格，只要植株在低温条件下通过春化，不论长日照或短日照均可抽薹开发。

葱育苗地忌连作，一般应选择前三年内未种过葱蒜类蔬菜的地块，土壤为砂壤土。定植前，需要深翻和精细整地。大葱生育期长，除基肥外，生长期间要多次追肥。从越冬到返青，由于生长量小，幼苗基本处于冬眠状态，需肥量极少；返青后，幼苗进入生长盛期，历时80～100天。葱白生长初期，炎夏刚过，天气转凉，葱株生长逐渐加快，应追施一次供叶肥。葱白生长盛期，葱株迅速长高，葱白加粗，需要大量水分和养分，此时应追施攻棵肥2～3次，以满足大葱快速生长的需求。

第二章 菜田土壤养分供应特点及传统养分投入对菜田土壤质量的影响

土壤是蔬菜作物生长的基础。土壤作为重要的基质，为作物根系生长发育创造了稳定的内部环境。蔬菜需要的水分与养分主要是通过蔬菜根系从土壤中吸收的。其中，菜田土壤养分的状况及供应特征是影响蔬菜作物生长的核心因子。作为菜田土壤养分重要来源的肥料的投入，成为影响菜田土壤养分状况好坏的决定性因素。因此，了解菜田肥料投入特征及其对土壤养分状况的影响，对提高菜田管理水平具有重要意义。

第一节 菜田土壤养分供应特点

土壤养分供应是指作物在某个生育期内，从土壤溶液中吸收的所有非当季肥料养分的数量。菜田生产体系中，土壤养分的来源主要有：①土壤本身残存的养分，即所谓基础肥力；②通过矿化释放的养分，主要来源于土壤有机质、施用的和上茬残留的有机肥以及作物残茬的分解、矿化和释放，需要微生物参与；③通过灌溉水和偶发性的洪水带入的养分，在集约化程度较高的菜区由于常年大量水肥投入，很多作物吸收不了的养分随水流向下移动进入地下水，导致地下水养分含量升高，在畦灌或沟灌条件下会带入一定量的养分；④干湿沉降，通过雨、雪以及颗粒物等形式进入菜田土壤，主要是露地菜田。

菜田土壤的人为干扰性很强，是一个不断变化的"人工"土壤。我们只有掌握在人为控制下的菜田土壤变化规律，才能加快土壤的培肥，防止其向恶化方向发展。土壤有机质是土壤肥力的核心，几乎和土壤肥力的各个因素有着极显著或显著的相关关系。增施有机肥不仅可有效地提高土壤的有机质含量，加速土壤腐殖化进程，且有利于有机质品质的提高。单施氮肥可以增加作物营养，但对菜田土壤有机质的增加作用不大，土壤培肥是个漫长的过程，在中等肥力（有机质含量 15～20g/kg）土壤上重施有机肥，土壤有机质含量增长 1 倍。大约需经 15 年的时间。

蔬菜地土壤有机质含量有逐渐增加的趋势，但保护地内较高的温、湿状况，有机质分解速度快，养分供应能力强。有机肥的施用可增加土壤的供氮容量，而化肥能更新和增加土壤氮素。蔬菜吸收的氮素有很大部分来自土壤，因此在确定施肥参数时，土壤氮素矿化能力是必须考虑的重要因子。同时，有机物质具有提供作物营养和微生物碳源，改善土壤结构，降低重金属污染，保持土壤养分，提高化肥利用率等多种功能。提高蔬菜地土壤有机质含量，可以有效地改变土壤物理性状，减轻水肥流失和肥料污染，改良土壤酸化、盐渍化，延长蔬菜地土壤的使用寿命，保持较高的肥力水平，同时对高产优质以及无公害农产品生产具有重要意义。

第二节　天津蔬菜主产区菜田土壤养分状况

近些年，通过对天津地区蔬菜主产区菜田土壤养分调查研究表明：天津菜田土壤有机质处于中等偏上水平，其中武清菜田平均为 18.9g/kg，静海菜田为 24.1g/kg，蓟县为 24.3g/kg；土壤全氮处于中等偏下水平，以蓟县菜田略高，为 1.6g/kg；土壤有效磷含量均处于丰富水平，静海菜田平均高达 96.6mg/kg，磷素在菜田土壤累积明显；土壤速效钾总体接近丰富水平，其中蓟县菜田土壤处于丰富以上水平，达到了 284.3mg/kg，武清菜田处于中等水平，静海菜田接近丰富水平。总体上看，蓟县和静海等县菜田土壤地力较高，大部分在中等以上水平，而武清区菜田土壤地力存在较大差异，地力丰富与低等水平的地块均占一定比例，可见养分投入管理水平在区域间差异。见表 2-1～表 2-3。

随着新建设施菜田的快速发展，土壤养分状况出现新的问题。由粮田转为菜田的大棚，土壤养分状况偏低，土壤有机质含量大部分在 15g/kg 以下，有效磷钾水平相对蔬菜生产来说也略显偏低。

表 2-1　武清区菜田土壤养分状况

指　标	样本	平均值	等级百分率		
			丰富	中等	低等
有机质/(g/kg)	420	18.9	38.2%	40.5%	21.3%
全氮/(g/kg)	420	1.22	5.8%	67.8%	26.4%
有效磷/(mg/kg)	420	78.3	79.5%	13.0%	7.5%
速效钾/(mg/kg)	420	153.8	24.0%	39.3%	36.7%

表 2-2　静海菜田土壤养分状况

指　标	样本	平均值	等级百分率		
			丰富	中等	低等
有机质/(g/kg)	249	24.1	31.7%	64.7%	3.6%
全氮/(g/kg)	249	1.33	10.4%	63.9%	25.7%
有效磷/(mg/kg)	249	96.6	90.4%	7.2%	2.4%
速效钾/(mg/kg)	249	194.2	42.6%	57.0%	0.4%

表 2-3　蓟县菜田土壤养分状况

指　标	样本	平均值	等级百分率		
			丰富	中等	低等
有机质/(g/kg)	226	24.3	39.8%	52.2%	8.0%
全氮/(g/kg)	226	1.6	17.7%	74.3%	8.0%
有效磷/(mg/kg)	226	86.2	81.0%	11.5%	7.5%
速效钾/(mg/kg)	226	284.3	71.3%	24.3%	4.4%

新建设施菜田培肥地力是当务之急，尤其有的大棚土壤质地偏黏，土壤通透性差，不适合大部分蔬菜生长，急需改良土壤。

第三节　天津地区菜田养分投入特点及其对菜田土壤质量的影响

一、传统菜地养分投入特点

与粮食作物相比，大部分蔬菜的根系分布很浅，蔬菜对肥料的依赖程度比其他作物高，尤其是反季节栽培的保护地蔬菜，低温季节根系发育缓慢，对水肥吸收能力弱，存在着高产但生长环境不适宜的矛盾。菜农为追求高产和争取更多的经济收益，在生产中往往投入大量养分和进行大水漫灌，使菜田土壤养分大量累积，尤其是种植时间较长的老菜地（表 2-4）。目前施肥投入的钾素有少量亏缺，氮、磷养分均为投入量高于吸收量。蔬菜土壤养分比例失调，与现在施用的高养分含量的化肥施用不当有着明显的关系。大量施用氮、磷、钾（15-15-15）高含量的复合肥或二铵与蔬菜生长吸收养分比例不一致，必然会造成氮和磷的累积，尤其是磷比例偏高。过量的养分投入不仅浪费资源，而且降低产品的品质，既增加投入成本，降低菜农的经济收益，也容易造成土壤环境质量下降，削弱菜田土壤的宜种性。多年连作的菜地，由于大量施肥，会出现植株滞长、矮小，根系发育不良，落花落果，产量和品质明显下降的现象，施肥越多这种症状越严重。过量施肥会造成土壤盐分浓度过高是造成作物生长不良的主要原因。

表 2-4　保护地菜田、露地菜田与粮田土壤化学性状

棚龄/年	pH	全盐/(g/kg)	有机质/(g/kg)	硝态氮/(mg/kg)	有效磷/(mg/kg)	速效钾/(mg/kg)
1	8.14	2.34	15.3	23.2	122	509
5	7.90	2.50	16.83	21.6	218	534
>10	8.10	2.76	15.56	26.5	177	635
露地菜	8.51	2.24	13.00	5.0	46	134
粮田	8.35	2.14	16.86	7.80	59	193

二、主产区菜田养分投入状况

（一）氮养分投入状况

1. 氮养分投入结构

从调查设施菜田氮养分投入品种、结构看，提供氮养分的化肥中以三元复合肥（主要养分构成为 15-15-15）最高，投入占总样本比重为 32%。其次是尿素和二元复合肥，其样本比重分别是 23% 和 21%，其中二元复合肥主要包括二铵、硝酸钾等氮磷复合肥和氮钾复合肥。冲施肥在设施菜田中施用也比较普遍，其样本比重为19％。而碳铵、硫铵、硝铵等施用较少，约占3％。在设施菜田中基本上都施用化学氮肥，不施的样本仅占2％。如图2-1所示。可见，调查菜田化肥氮投入主要以三元复合肥、二元复合肥、尿素和冲施肥为主，这些肥料投入占总样本量的95％；提供氮养分的有机肥施用种类主要以鸡粪和猪粪等畜禽粪为主，其样本比重分别为60％和14％。其次，牛粪施用占10％。而羊粪、人粪等其他有机肥种类投入比重仅占4％。施用商品生物有机肥的也很少，占2％左右。但是，在调查菜田中不施有机肥的调查点比重占了10％。见图2-2。可见，调查的设施菜田有机氮养分投入以鸡粪和猪粪等畜禽粪为主，而秸秆类或过腹秸秆类有机肥施用偏少以及不施任何有机肥的比重占10％的情况，应该引起重视。

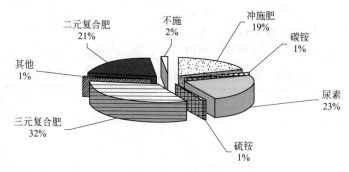

图 2-1　来自化肥的氮养分投入结构

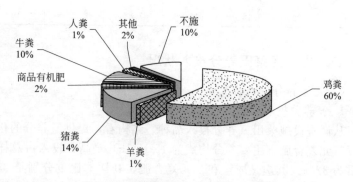

图 2-2　来自有机肥的氮养分投入结构

20

2. 不同调查区域设施菜田氮养分投入量

从 576 个调查样点结果可以看出，调查设施菜田氮养分投入水平总体很高，平均投入量（以 N 计，下同）为 1237.2kg/hm²，其中高于 500kg/hm² 的样本比重为 81.4%。但是，低于 300kg/hm² 的菜田也占了 12.9%，应该引起重视。从氮素投入来源看，来自有机肥的氮养分投入高于化肥提供的氮，有机肥提供的氮所占比重平均为 54%。

不同区县的设施菜田氮素投入存在较大差异。设施菜田氮素投入量最高的区域为静海，达到 1770kg/hm² 以上，高于 500kg/hm² 的样本比重高达 88.2%。其次是蓟县和武清，氮素投入量均在 1000kg/hm² 以上，高于 500kg/hm² 的样本比重在 67%～87%。而西青区氮素投入较低，氮素投入量为 866.8kg/hm²。不同区域氮素投入来源大部分以有机肥为主，除了蓟县外，其他地区有机肥供氮投入比重均在 50% 以上，尤其静海菜田达到 60% 以上，仅有机肥提供的氮养分就达到 1000kg/hm² 以上。见表 2-5。

表 2-5　不同调查区域设施菜田氮养分投入量及分布频率

区县	样本量	化肥提供氮/(kg/hm²)	有机肥提供氮/(kg/hm²)	总投入/(kg/hm²)	分布频率/%			化肥氮比重/%
					0～300	300～500	＞500	
蓟县	114	488.0	825.6	1313.6	28.6	4.1	67.3	56.3
静海	109	536.3	1234.6	1770.9	11.8	0.0	88.2	39.8
武清	186	440.4	751.5	1191.9	7.5	5.0	87.5	43.4
西青	158	378.3	488.5	866.8	8.8	11.8	79.4	45.8
总体	567	451.1	786.1	1237.2	12.9	5.7	81.4	46.0

注：总体平均值为加权平均值，下同。

3. 不同设施蔬菜氮养分投入量

不同蔬菜生长发育存在差异，对氮养分的吸收利用亦不同。因此，不同设施蔬菜氮养分管理是不同的。从不同典型设施蔬菜产区氮养分调查结果显示，氮养分总体投入量最高的设施蔬菜是番茄，达到 1391.8kg/hm²，其中有机肥提供氮 892.8kg/hm²，有机肥投入氮占总投入量的 60%，总体氮素投入高于 500kg/hm² 的样本占了番茄园调查总样本量的 90.1%。其次，黄瓜和芹菜氮养分总体投入亦较高，投入量均在 1200kg/hm² 以上。氮投入量较低的是豆角和萝卜。从设施菜田氮养分总体投入来源看，各种菜田氮养分由化学氮肥提供的比重总体上为 14.4%～70.3%，最高为豆角田块，最低为萝卜田块。由此可见，大部分调查菜园氮肥投入以有机肥为主，有机肥提供氮养分量占总投入量比重在 30%～85% 之间，大部分在 50% 以上。见表 2-6。

表 2-6 不同设施蔬菜氮养分投入量及分布频率

地区	样本量	化肥提供氮/(kg/hm²)	有机肥提供氮/(kg/hm²)	总投入/(kg/hm²)	分布频率/%			化肥氮比重/%
					0～300	300～500	>500	
番茄	185	498.9	892.9	1391.8	7.4	2.5	90.1	39.9
黄瓜	144	487.3	808.9	1296.2	4.7	4.7	90.7	43.9
芹菜	69	570.3	714.1	1284.4	11.1	0.0	88.9	47.6
茄子	41	447.1	445.4	892.5	12.5	12.5	75.0	52.6
豆角	34	259.0	138.9	397.9	63.6	9.1	27.3	70.3
辣椒	23	336.2	563.6	899.8	0.0	0.0	100.0	45.7
萝卜	37	103.5	539.4	642.9	0.0	0.0	100.0	14.4
其他	34	328.0	608.4	936.4	15.8	7.9	76.3	48.3

（二）磷养分投入状况

1. 磷养分投入结构

从调查设施菜田磷养分投入品种、结构看，提供磷养分的化肥中以三元复合肥（主要养分构成为 15-15-15）最高，投入占总样本比重为 42%。其次是冲施肥，其样本比重为 24%。二铵作为二元复合肥，其施用也比较普遍，样本比重占 22%。而普钙、重钙等磷肥施用较少，约占 4%。在设施菜田中不施磷肥的样本也占了 8%。如图 2-3 所示。可见，调查菜田化肥磷投入主要以三元复合肥、二铵和冲施肥为主，这些肥料投入占总样本量的 88%；提供磷养分的有机肥施用种类与氮投入相似，以鸡粪和猪粪等畜禽粪为主，其样本比重占 74%。其次是牛粪施用，而商品生物有机肥、羊粪、人粪等其他有机肥施用较少。但是，在调查菜田中不施有机肥的调查点比重也占了10%。见图2-4。可见，调查的设施菜田有机磷养分投入以鸡粪和猪粪等畜禽粪为主，而秸秆类或过腹秸秆类有机肥施用偏少。

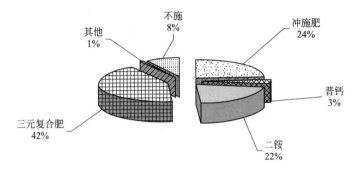

图 2-3　来自化肥的磷养分投入结构

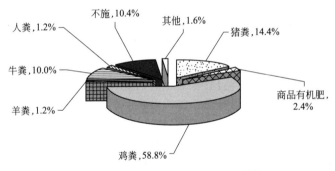

图 2-4　来自有机肥的磷养分投入结构

2. 不同调查区域设施菜田磷养分投入量

从576个调查样点结果可以看出，调查设施菜田磷养分投入水平总体较高，投入量（以 P_2O_5 计，下同）为988.6kg/hm²，其中高于500kg/hm² 的样本比重为68.8%。但是，低于300kg/hm² 的菜田也占了近20%，应该引起重视。从磷素投入来源看，来自化肥的磷养分投入远低于有机肥提供的磷，有机肥提供的磷所占比重平均为61.1%。

不同区县的设施菜田磷素投入存在较大差异。设施菜田磷素投入量最高的区域为静海，达到1364.1kg/hm²，高于500kg/hm² 的

23

样本比重高达 81.3%。其次是蓟县和武清，磷素投入量均在 1000kg/hm² 以上，高于 500kg/hm² 的样本比重在 65%～82%。而西青区磷素投入较低，磷素投入量为 527.4kg/hm²。不同区域磷素投入来源均以有机肥为主，有机肥供磷投入比重均在 50% 以上，尤其静海菜田达到 66% 以上，仅有机肥提供的磷养分就达到 1000kg/hm² 以上。见表 2-7。

表 2-7　不同调查区域设施菜田磷养分投入量及分布频率

| 地区 | 样本量 | 化肥提供磷 /(kg/hm²) | 有机肥提供磷 /(kg/hm²) | 总投入 /(kg/hm²) | 分布频率/% | | | 化肥磷比重/% |
					0～300	300～500	＞500	
蓟县	114	410.6	788.9	1199.5	27.9	7.0	65.1	48.9
静海	109	285.9	1078.2	1364.1	12.5	6.3	81.3	33.3
武清	186	346.2	684.8	1031.0	12.7	5.1	82.3	40.0
西青	158	152.5	374.9	527.4	26.2	27.0	46.8	34.2
总体	567	293.5	695.1	988.6	19.5	11.8	68.8	38.9

3. 不同设施蔬菜磷养分投入量

不同设施蔬菜磷养分管理是不同的。从典型设施蔬菜产区磷养分调查结果显示，磷养分总体投入量最高的设施蔬菜是番茄，达到 1145.0kg/hm²，其中有机肥提供磷为 791.4kg/hm²，有机肥投入磷占总投入量的 68.5%，总体磷素投入高于 500kg/hm² 的样本占了番茄园调查总样本量的 82.3%。其次，黄瓜和芹菜磷养分总体投入亦较高，投入量分别为 1033.9kg/hm² 和 978.7kg/hm²。磷投入量较低的是豆角和萝卜。从设施菜田磷养分总体投入来源看，各种菜田磷养分由化学磷肥提供的比重总体上为 0.0%～61.1%，最高为豆角田块，调查萝卜田块不施有机肥料。由此可见，大部分调查菜园磷肥投入以有机肥为主，除豆角田块有机肥投入较低外，大部分菜园有机肥提供磷养分量占总投入量比重均在 56% 以上。见表 2-8。

（三）钾养分投入状况

1. 钾养分投入结构

从调查设施菜田钾养分投入品种、结构看，提供钾养分的化肥

表 2-8　不同设施蔬菜磷养分投入量及分布频率

地区	样本量	化肥提供磷/(kg/hm²)	有机肥提供磷/(kg/hm²)	总投入/(kg/hm²)	分布频率/%			化肥磷比重/%
					0~300	300~500	>500	
番茄	185	353.6	791.4	1145.0	10.1	7.6	82.3	31.5
黄瓜	144	329.3	704.6	1033.9	16.3	11.6	72.1	40.5
芹菜	69	363.4	615.2	978.7	11.1	0.0	88.9	41.8
茄子	41	288.5	354.5	643.0	37.5	12.5	50.0	40.9
豆角	34	242.7	138.5	381.2	50.0	25.0	25.0	61.1
辣椒	23	195.3	424.6	619.9	25.0	25.0	50.0	41.2
萝卜	37	0.0	454.8	454.8	25.0	0.0	75.0	0.0
其他	34	197.1	489.7	686.8	21.6	24.3	54.1	43.4

中以冲施肥最高,投入样本占总样本比重为 38%。其次是三元复合肥(主要养分构成为 15-15-15),投入占总样本比重为 27%。硫酸钾作为重要的钾肥,其施用也比较普遍,样本比重占 13%。而其他钾肥施用较少。但在设施菜田中不施钾肥的样本占了 12%。如图 2-5 所示。可见,调查菜田化肥钾投入主要以冲施肥、三元复合肥和硫酸钾为主,这些肥料投入占总样本量的 78%;提供钾养分的有机肥施用种类与磷投入相似,以鸡粪和猪粪等畜禽粪为主,其次是牛粪施用,而商品生物有机肥、羊粪、人粪等其他有机肥施用较少。但是,在调查菜田中不施有机肥的调查点比重也占了 10%。可见,调查的设施菜田有机磷养分投入以鸡粪和猪粪等畜禽粪为主,而秸秆类或过腹秸秆类有机肥施用偏少。

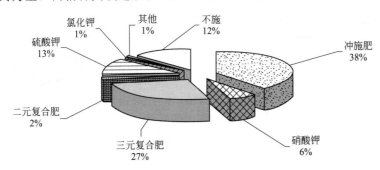

图 2-5　来自化肥的钾养分投入结构

2. 不同设施菜田钾养分投入量

从调查样点结果可以看出，调查设施菜田钾养分投入水平总体较高，投入量（以 K_2O 计，下同）为 1076kg/hm² 。从钾素投入来源看，来自化肥的钾养分投入远低于有机肥提供的钾，有机肥提供的钾所占比重平均为 62%。

不同设施菜田钾素投入存在较大差异。设施菜田钾素投入量最高的是番茄，达到 1360kg/hm² ，其次是黄瓜和芹菜。而萝卜钾素投入较低，为 492kg/hm² 。不同蔬菜钾素投入来源均以有机肥为主，有机肥供钾投入比重均在 50% 以上。见图 2-6。

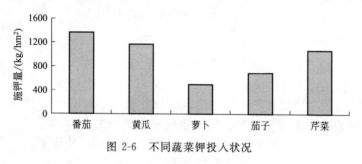

图 2-6　不同蔬菜钾投入状况

三、传统施肥对土壤质量的影响

（一）不同设施蔬菜田块氮投入环境风险的影响

朱兆良与孙波（2006）研究农田氮素平衡环境风险时提出氮盈余量达到 180kg/hm² 以上时，农田处于高环境风险程度，100～180kg/hm² 时处于潜在环境风险，低于 100kg/hm² 时，处于低环境风险。根据该农田氮环境风险评价标准，设施黄瓜田块氮素盈余量最高，达到 989.3kg/hm² ，处于高环境风险的调查点占设施黄瓜田块总调查点的 93.2%，表现了极高的风险性。其次，设施番茄田块氮素盈余量为 904.7kg/hm² ，也具有很高的环境风险性。萝卜和豆角田块氮素盈余量较低，在 300～350kg/hm² 之间，所处的氮环境风险略低。而调查样本点少的菠菜、大葱和甜瓜等田块也表现出较高的氮盈余量，高风险的样本占了 84.2%。可见，设施黄瓜和番茄的田块由高氮盈余引起的环境风险严重，应高度重视。见表 2-9。

表 2-9　不同设施蔬菜田块氮投入盈余风险状况

蔬菜种类	样本量	氮盈余量/(kg/hm²)	氮环境风险程度		
			低(<100)	潜在(100～180)	高(>180)
番茄	185	904.7	8.3%	2.4%	89.3%
黄瓜	144	989.3	4.5%	2.3%	93.2%
芹菜	69	705.1	10.0%	10.0%	80.0%
茄子	41	694.2	11.1%	11.1%	77.8%
豆角	34	347.5	18.2%	18.2%	63.6%
辣椒	23	799.3	16.7%	16.7%	66.7%
萝卜	37	316.7	28.6%	14.3%	57.1%
其他	34	776.6	5.3%	10.5%	84.2%

（二）不同设施蔬菜田块土壤硝态氮环境风险状况

下面以天津设施大棚典型种植蔬菜番茄和黄瓜为例，分析不同设施菜田土壤硝态氮风险状况。图 2-7 显示了 67 个设施番茄田块总体土壤硝态氮风险状况。由图可以看出，0～120cm 内土壤硝态氮含量为 59mg/kg，高于临界值的样本比重为 83%，表层土壤硝态氮含量高达 77.5mg/kg，87.7% 的样本硝态氮含量高于 20mg/kg。设施黄瓜田块 0～120cm 硝态氮含量为 40.9mg/kg，高于临界值的样本比重为 68%。见图 2-8。这与番茄施氮量高于黄瓜田块有关，设施番茄田块施氮量 1391.7kg/hm²，设施黄瓜田块为 1296.2kg/hm²。

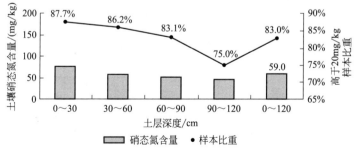

图 2-7　设施番茄田块土壤硝态氮风险状况

（三）不同设施蔬菜田块土壤有效磷环境风险状况

下面同样以天津设施大棚典型种植蔬菜番茄和黄瓜为例，分析

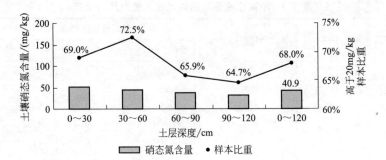

图 2-8　设施黄瓜田块土壤硝态氮风险状况

不同设施菜田土壤有效磷风险状况。表 2-10 显示了设施番茄和黄瓜田块总体土壤有效磷风险状况。由表可知，0～120cm 内设施番茄田块土壤有效磷含量为 71.6mg/kg，高于临界值的样本比重为49.7%，表层土壤有效磷含量高达 149.7mg/kg，87.7% 的样本有效磷含量高于 50mg/kg。设施黄瓜田块 0～120cm 有效磷含量为68.1mg/kg，高于临界值的样本比重为 45.4%，表层土壤有效磷含量为 121.6mg/kg，61.9% 的样本有效磷含量高于 50mg/kg。这与番茄施磷量高于黄瓜田块有关，设施番茄田块施磷量 1145kg/hm²，设施黄瓜田块为 1033.9kg/hm²。

表 2-10　不同设施菜田土壤有效磷环境风险状况

区县	土层深度/cm	样本量	土壤有效磷含量 /(mg/kg)	Olsen-P /临界值*	>50mg/kg 的样本比重/%
番茄	0～30	67	149.7	3.0	87.7
	30～60	67	66.8	1.3	55.4
	60～90	67	39.5	0.8	27.7
	90～120	67	30.6	0.6	28.1
	0～120	67	71.6	1.4	49.7
黄瓜	0～30	128	121.6	2.4	61.9
	30～60	128	70.4	1.4	50.0
	60～90	128	46.7	0.9	37.5
	90～120	128	34.0	0.7	32.4
	0～120	128	68.1	1.4	45.4

（四）设施菜田土壤次生盐渍化

设施蔬菜土壤次生盐渍化是指在设施蔬菜作物生产过程中，由于肥料的不合理使用、栽培管理措施的不恰当、地下水上升等因素导致保护地土壤的含盐量增加，从而影响作物产量和品质的现象。菜田土壤积盐较明显（见表 2-4）。保护地菜田土壤可溶性盐含量过高是设施蔬菜栽培中普遍存在的问题，是限制蔬菜生产、影响保护地土壤持续利用的主要因子。盐分累积如图 2-9 所示。

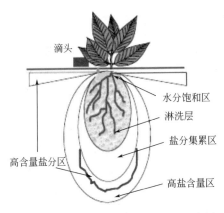

图 2-9　滴头灌溉区域内盐分积累示意图

保护地栽培条件下土壤次生盐渍化的主要特点之一是硝酸盐积累，保护地表层土壤中的硝酸根占阴离子总量的 $67\% \sim 76\%$。氮素是土壤中植物和微生物生长所需的最主要的量施用化肥（尤其是氮肥）；这在获得高额产量的同时，也带来一些负效应。在缺少降水淋洗的半封闭条件下，残余的氮肥大部分以 $NO_3^- \text{-} N$ 的形态滞留在土体中，导致土壤次生盐渍化。氮素是土壤中植物和微生物生长所需的最主要的营养元素，正确的土壤氮素管理对维持作物产量和环境质量至关重要。硝酸盐积累主要有以下几方面原因：氮肥施用量超过作物需要；施肥结构不合理。由于缺少必要的技术指导，菜农对磷钾肥、微量元素肥料使用缺乏科学依据，一般只注重施用见效快的氮肥，从而导致土壤养分失衡。土壤养分不平衡，影响作物正常吸收利用，势必引起土壤中氮素过剩、累积；蔬菜作物的复种指数高，施肥、灌溉、耕作的频率都超过一般农田土壤，特别是得不到自然降水淋洗的人工保护条件，使保护地菜田土壤的理化性质发生了很大的变化，逐步形成了具有高度熟化的有别于一般农田的"人为土壤"。在保护地栽培条件下由于人为地控制、提高设施室内空气和土壤温度，间接地为土壤硝化作用创造了条件；灌溉效率低，由于受到经济条件和技术水平的制约，大部分地区保护地仍以灌溉均匀度比较低的沟灌、畦灌和漫灌方式为主，造成局部硝态氮积累。

（五）设施菜田土壤酸化

大部分蔬菜适宜生长的土壤酸碱反映范围为 pH6～8（卢树昌，2011），当土壤 pH＜6.0 时，不利于蔬菜作物的正常生长。Duan 等（2004）指出，施氮肥和作物养分收获导致盐基移出是引起酸化的两大原因。而设施蔬菜栽培是建立在人为控制环境的基础之上，人工干预性很强的栽培系统，具有复种指数高、养分投入量大、产量高等特点，进行设施生产的环境又具有一定的封闭或半封闭性，而且相对于大田土壤的露天经营方式，设施菜地很少有雨水淋洗，温度、湿度以及栽培模式等都具有较大的特殊性，因此该系统内某些因子的变化，特别是土壤养分平衡被破坏，系统的正常运行就会受到一定限制。设施土壤在连续经营数年之后就有可能会出现影响设施农业正常生产的土壤酸化现象。

在北方的许多设施菜地（如大棚和日光温室蔬菜地）出现了较为严重的土壤酸化。李俊良等（2002，2006）和曾路生等（2010）对山东省寿光市的日光温室的调查表明，温室表层土壤的 pH 随棚龄的增大而明显降低，1 年棚龄 pH 为 7.69，4 年棚龄 pH 为 6.82，8 年棚龄的 pH 为 6.52，而 13 年棚龄的 pH 为 4.31，并且保护地土壤 pH 较露地平均下降了 0.67。史春余等（2003）对寿光孙家集和苍山县项城镇大棚菜地进行了调查，结果发现 5～10 年棚龄土壤 pH 下降幅度在 0.6～1.5 之间，而且耕作层土壤开始积累活性酸。寇长林等（2004）对山东惠民大棚蔬菜和小麦-玉米轮作体系土壤质量进行调查也发现，棚龄 1～12 年的大棚菜地 0～30cm、30～60cm 和 60～90cm 土层土壤 pH 显著低于小麦～玉米地各层土壤 pH，pH 平均值分别下降 0.54、0.36 和 0.24 个单位。

理论上讲北方土壤具有较高的酸化缓冲容量，但从调查结果来看有些土壤的缓冲能力可能已被消耗殆尽。如酸化进一步加剧，土壤中可能会发生有毒金属的活化与积累，并威胁作物的产量和品质。设施土壤酸化还伴随着硝酸盐的淋洗。土壤中积累的硝酸盐很容易随水淋洗到更深层土壤，作物很难再吸收利用，造成氮素的损失，并且造成地下水中硝酸盐的累积，威胁人的健康。

可见，设施菜田土壤酸化问题成为设施菜田土壤质量退化的重要方面。

第三章　蔬菜对水肥的需求特点

第一节　蔬菜对水分的需求特点

蔬菜产品器官柔嫩多汁，含水量多在90％以上，而且多数蔬菜是在较短的生育期内形成大量的产品器官。同时，蔬菜植物的叶面积一般比较大，叶片柔嫩，水分消耗多。因此，蔬菜植物对水分的需求量比较大。但不同的蔬菜种类、同一蔬菜的不同生育时期，对水分的要求各不相同。

一、不同种类蔬菜对土壤水分条件的要求

各种蔬菜对水分的要求主要取决于地下部对水分的吸收能力和地上部的消耗量，凡根系强大、能从较大土壤体积中吸收水分的种类，抗旱力强；凡叶片面积大、组织柔嫩、蒸腾作用旺盛的种类，抗旱力弱。但也有水分消耗量小，且因根系弱而不能耐旱的种类。根据蔬菜对水分的需要程度不同，蔬菜分类见表3-1。

表 3-1　不同水分需要程度的蔬菜分类

蔬菜分类	蔬菜种类	特　　点
水生蔬菜	藕、茭白、荸荠、菱等	根系不发达，根毛退化，吸收力很弱，而茎叶柔嫩，高温下蒸腾旺盛，植株的全部或大部分必须浸在水中才能生活
湿润性蔬菜	黄瓜、白菜、芥菜和许多绿叶菜类等	叶面积大、组织柔嫩、叶蒸腾面积大、消耗水分多但根群小，而且密集在浅土层，吸收能力弱。要求较高土壤湿度和空气湿度。在栽培上要选择保水力强的土壤，并重视浇灌工作
半湿润性蔬菜	茄果类、豆类、根菜类等	叶面积较小，组织粗硬，叶面常有茸毛，水分蒸腾量较少，对空气湿度和土壤湿度要求不高；根系发达，有一定的抗旱能力。在栽培中要适当灌溉

蔬菜分类	蔬菜种类	特　点
半耐旱性蔬菜	葱蒜类和石刁等	叶片呈管状或带状。叶面积小,且叶表面常覆有蜡质,蒸腾作用缓慢,水分消耗少,耐较低的空气湿度。但根系分布范围小,入土浅,几乎没有根毛,吸收水分的能力弱,要求较高的土壤湿度
耐旱性蔬菜	西瓜、甜瓜、南瓜、胡萝卜等	叶子面积虽然很大,但叶上有裂刻及茸毛,能减少水分蒸腾,而且有强大的根系,分布既深又广,能吸收土壤深层水分,抗旱能力强

二、蔬菜不同生育期对水分的要求

蔬菜各种蔬菜对空气湿度的要求不同生育期对土壤水分的要求不同,根据蔬菜不同生育期的特点,其对土壤水分的要求如表 3-2 所示。

表 3-2　蔬菜不同生育期对水分需求特点

生育时期	水分需求特点
种子发芽期	要求充足水分,供种子吸水膨胀,此期如土壤水分不足,播种后,种子难萌发,即使能萌发,也会影响及时出苗。所以,应在充分灌水或在土壤墒情好时播种
幼苗期	植株叶面积小,蒸腾量也小,需水量不多,但根群分布浅,且表层土壤不稳定,易受干旱影响,栽培上应特别注意保持一定的土壤湿度
营养生长旺期和养分积累期	根、茎、叶菜类需水量最多的时期。但必须注意在产品器官开始形成时,水分不能供应过多,控制叶、茎徒长,促进产品器官的形成。进入产品器官生长盛期后,应勤浇多浇
开花结果期	对水分要求严格,水分过多,易使茎叶徒长而引起落花落果;水分过少,易导致落花落果。在开花期应当控制灌水。进入结果期后,尤其在果实膨大期或结果盛期,需水量急剧增加,并达到最大量,应当供给充足的水分,使果实迅速膨大与成熟

三、蔬菜对空气湿度条件的要求

除土壤湿度外,空气湿度对蔬菜的生长发育也有一定的影响。各种蔬菜对空气湿度的要求大体可分为四类,对空气湿度要求较高的蔬菜如白菜类，对空气湿度要求中等的如黄瓜，对空气湿度要求很低的是葱蒜类。如表 3-3 所示。

表 3-3 各种蔬菜对空气湿度的要求

蔬菜品种	空气湿度级别	空气相对湿度
白菜类、绿叶菜类和水生菜类	较高	$85\% \sim 90\%$
马铃薯、黄瓜、根菜类等	中等	$70\% \sim 80\%$
茄果类、豆类等	较低	$55\% \sim 65\%$
西瓜、甜瓜、南瓜和葱蒜类菜类等	很低	$45\% \sim 55\%$

第二节 蔬菜对养分的需求特点

蔬菜作物与大田作物比较，在营养需求方面有以下几个明显的特点。

一、蔬菜需肥量大

蔬菜作物产量高，种植密度大、生长迅速、养分含量高，其一生对养分的需要量要明显高于粮食作物，故与大田作物相比具有需肥量大的特点。因此，蔬菜对土壤养分的要求是供肥强度要高。从施肥实践上来看，则需要较粮食作物更多、更及时的养分供应。

二、蔬菜多为喜硝态氮作物

对大部分蔬菜而言，都存在对硝态氮的偏好吸收，维持介质中合适的硝态氮∶铵态氮比例有助于稳定蔬菜的产量与质量。在施肥中，两种形态的氮肥配合施用较好，配合比例以硝态氮比铵态氮等于 7∶3 为宜。降低蔬菜产品，尤其是叶菜类，体内的硝酸盐含量是当前无公害蔬菜生产中的一项重要目标，关键应该在于控制施氮量及选择合适的施肥时间及方式上。在叶菜类生长后期，应控制施氮量，减少可食部硝酸盐含量。

根据蔬菜对氮素吸收情况，一般来说可将蔬菜划分为高氮、中氮、低氮等不同类型，高氮型蔬菜：如菜花、甜椒、苦瓜、蒜等，每生产 1000kg 商品菜，需从土壤中吸取氮素 5kg 以上；中氮型蔬菜：如茄子、番茄、韭菜、豇豆等，每生产 1000kg 商品菜需从土壤中吸取氮素 3～5kg；低氮型蔬菜：如大白菜、芹菜、莴苣、黄瓜、冬瓜、萝卜、葱等，每生产 1000kg 商品菜需从土壤中吸取氮素约 3kg。

三、蔬菜是嗜钙作物

蔬菜作物对钙的需求量相对较高。对北京地区的 22 种作物的含钙量进行测定，表明蔬菜作物体内含钙量比禾谷类作物高出 12 倍之多。蔬菜对钙素养分的获得主要通过土壤而来。我国北方大部分菜园土壤的有效钙含量均非常丰富，但在生产实践中，仍能经常看到番茄、青椒、芹菜、大白菜、甘蓝等蔬菜作物的缺钙现象。这主要归结于蔬菜对钙素的吸收受到作物蒸腾作用的影响。即使土壤钙素营养丰富，但在栽培管理中由于土壤过于干旱、盐渍化现象严重、温湿度不协调时，也会导致钙素营养缺乏症状，这主要是生理缺钙所致。因此，蔬菜的钙素营养管理上，一方面可以采取叶面喷钙的方法用以矫正缺钙现象，另一方面做好菜园土壤田间的水肥管理，避免逆境条件的产生也非常重要。

四、蔬菜吸硼量较高

一般蔬菜比禾本科作物吸硼量高，尤其是根菜类和豆类蔬菜含硼量高，是禾本科作物的 3～20 倍。蔬菜缺硼的共同点是根系不发达，生长点死亡，花发育不全，果实易出现畸形。如甜菜的心腐病，芹菜的茎折病，芜菁及甘蓝的褐腐病，萝卜的褐心病等。硼作为微量元素营养，植物对硼的适宜量到发生缺素症的浓度范围窄，在施肥时必须予以注意。

五、不同类别蔬菜需肥特点

（一）果菜类蔬菜需肥特点

果菜类蔬菜如番茄、甜椒、茄子等，吸收钾量大，其次为氮、钙、磷、镁。每生产 1000kg 果实需吸收氮 3.4kg，磷 0.34kg，钾 4.2kg，氮、磷、钾比例 1：0.1：1.2。幼苗至开花期吸收量较低，坐果期开始养分吸收量剧增，至采收前达最大值。多次采收，养分吸收到生育后期仍然很旺盛，茎叶中的养分到末期仍在继续增加，以承担果实的膨大。如番茄对营养元素吸收的特性主要表现为对钾素的需求量最大，氮素次之，磷素最少。每生产1000kg果实需要吸收氮素2.8kg、磷素1.3kg、钾素3.8kg、钙2.1kg、镁0.5kg、硫0.6kg（见表3-4）。番茄不同于其他果菜类蔬菜的需肥特点，其对钙的吸收量也很高，如果钙素不足以及生长介质中 K^+/Ca^{2+} 值过高是导致脐腐病的主要病因。番茄根系发达，对氮、磷、钾、钙、镁等营养元素的吸收贯穿于整个生育期。从幼苗移栽到开花前对养分的需求量很小，尤以需磷量更少，钾和钙的吸收量最大；开花后养分的吸收量渐增，逐渐进入养分吸收高峰期，到果实形成期则成倍增加，对各元素的吸收速率以果实膨大期最大，为营养元素的最大效率期。这一时期必须供给足够养分。

表 3-4　主要蔬菜作物的养分吸收量

蔬菜种类	产量 /(t/hm²)	N /(kg/hm²)	P₂O₅ /(kg/hm²)	K₂O /(kg/hm²)	MgO /(kg/hm²)	S /(kg/hm²)
菜豆(绿)	15	130	40	160	30	10
大白菜	70	370	85	480	60	80
胡萝卜	30	125	55	200	30	10
芹菜	30	200	80	300	25	15
黄瓜	40	70	50	120	60	10
茄子	60	175	40	300	30	10
茴香	40	120	30	200	10	10
大蒜	25	85	35	115	10	20
苤蓝	20	100	60	160	30	30
韭菜	35	120	45	280	25	20
莴苣	30	90	35	160	40	15
甜瓜	30	95	25	150	25	15
洋葱	35	120	50	160	30	25
辣椒	30	100	25	130	25	25
南瓜	50	90	70	160	40	20
萝卜	15	75	30	75	10	20
菠菜	25	120	45	200	35	10
甜玉米	20	210	60	230	25	15
番茄	50	140	65	190	25	30
西瓜	30	110	30	200	50	10
西葫芦	80	200	55	130	30	20

（二）叶菜类蔬菜需肥特点

叶菜类蔬菜包括小白菜、菠菜、结球甘蓝、大白菜、生菜等，其需肥特点是氮、磷、钾三要素养分中以钾素为最高，每1000公斤产量吸收的氮和钾的量接近于1:1。幼苗期（定植前后）养分需求量较少，莲座期至结球期养分吸收量逐渐增大。养分吸收速度的高峰是在生育的前期。叶菜类作物生育后期的养分吸收量与果菜作物比较，相对要低一些。所以叶菜类作物生育前期的营养对全期生育关系较大，对产量和品质的重要的作用。如大白菜每生产1000kg产量需吸收氮5.3kg、磷1.2kg、钾6.8kg（见表3-4），总体的吸肥特点是苗期吸收养分较少，氮、磷、钾的吸收量不足总吸收量的1%；莲座期明显增多，其吸收量占30%；包心期吸收养分最多，约占总吸收量的70%。各时期吸收氮磷钾亦不同，发芽期、莲座期和结球期对钾的吸收最高，其次为氮磷，苗期氮、磷、钾的比例（$N:P_2O_5:K_2O$，下同）为1:0.18:2.2，莲座期氮磷钾比例为1:0.5:3.1，包心期为1:0.43:1.8。大白菜为喜钙作物，外层叶片含钙量高达5%~6%，心叶中含量仅为0.4%~0.8%，如果管理不当，很容易导致生理缺钙，出现干烧心病，影响大白菜的品质。

（三）瓜菜类蔬菜需肥特点

瓜菜类蔬菜包括黄瓜、西瓜、南瓜、冬瓜、苦瓜等，果重型瓜类对营养的需求低于果数型瓜类。幼苗期以吸收氮素较多，以后由于根系生长需要，吸收磷较多，结瓜初期对钾的吸收量猛增。结瓜盛期对氮、磷、钾的吸收量占全生育期总吸收量的60%~80%。苗期营养要注意氮、钾配比。如黄瓜每生产1000kg产品需吸收氮1.75kg，磷1.25kg，钾3.0kg，氮磷钾比例1:0.7:1.7。黄瓜的营养生长与生殖生长并进、时间长、需肥量大，喜肥但不耐肥，是典型的果树型瓜类作物。黄瓜的不同生育期对养分的吸收量不同。初花期以前，植株生长缓慢，对氮、磷、钾养分吸收量很小，以后随着生育期的延长而逐渐增加。在整个生育过程中对氮的吸收有两次高峰，分别出现在初花期至采收期和采收期至拉秧，吸收率分别为28.7%和42.7%，对磷钾的最大吸收率均出现在采收期。

（四）根菜类蔬菜需肥特点

根菜类蔬菜包括萝卜、胡萝卜、芜菁和根用甜菜等，每生产1000kg产量需吸收氮4.5kg，磷1.6kg，钾8.8kg，氮、磷、钾比例1∶0.35∶2。幼苗期需肥较少，主要以氮、钾为主，莲座期开始养分吸收量剧增，肉质根膨大期达最大值。深耕并增施腐熟的有机肥料对根菜类作物有很好的增产作用，所以对这类蔬菜要重视生育初期到中期的养分供应。对土壤缺硼较为敏感，属于需硼较多的蔬菜。如萝卜每生产1000kg产量需吸收氮5.0kg，磷2.0kg，钾5.0kg，氮磷钾比例1∶0.4∶1；胡萝卜每生产1000kg产量需吸收氮4.2kg，磷1.8kg，钾6.7kg，氮、磷、钾比例1∶0.43∶1.6。

第四章 菜田主要肥料特性

第一节 主要氮肥特性

一、液态氮肥

1. 氨水

氨水（$NH_3 \cdot XH_2O$，含 N 12%～16%）为氨的水溶液。把合成氨导入水中或用水吸收合成氨系统中或焦炉气中的氨，都可以得到氨水。我国常用的氨水有含氨 15%、17% 和 20% 三种浓度，分别称 15 度、17 度和 20 度氨水，其含氮量分别为 12.3%，14.0% 和 16.4%。国外农田氨水的浓度稍高，一般制成含氨 25%（含氮 20%）的产品。

氨在水中呈不稳定的结合状态存在，易挥发。氨水的挥发损失与氨水的浓度、温度、放置时间和容器密闭程度有密切关系。氨水呈碱性反应（pH9 以上），对铜、铝均有一定的腐蚀性。氨的气味对人的眼睛鼻和呼吸道黏膜有强烈的刺激性，故在贮运和施用氨水时，需用耐腐蚀并密封的容器和机具，并注意安全。

合理施用氨水或碳化氨水的关键是深施覆土，减少氨的挥发损失。

2. 液氨

液氨（NH_3，含氮 82%）是含氮量最高的氮肥品种。目前除美国使用量占农用氮的 38%～40% 外，澳大利亚、加拿大、丹麦、墨西哥等国液氨施用量也都占其总肥料氮量的 20% 以上。我国液氨施用面积较小，主要在新疆建设兵团等大型农场进行肥效试验和应用推广。

液氨的肥效稳定，其施用一般采用特定的施肥机械，将液氨注入 12～18cm 深的土层后立即覆土，以免氨的挥发损失。液氨在土壤中移动性小，肥效较长，可用作基肥，不宜用作追肥。

3. 氮溶液

氮溶液（氮肥混合溶液，含氮 20%～50%）是一种由氨与其他固体氮肥混合而成的液体氮肥，也称氨制品、低压氮溶液或无压氮溶液（不含氨）。氮溶液的基本组成为氨、硝铵和尿素，也可加入少量硫铵或亚硫酸氢铵。因各组分所占比例的不同其含氮量差异较大，美国使用的氮溶液含氮大多为 30%～40%，密度＞1.0g/cm³。

氮溶液是一种性质和养分含量介于液氨和氨水之间的高效液体肥料。同时，氮溶液还可以与农药、除草剂一起施入土壤，可提高劳动效率。随着我国机械施肥的逐步普及和硝铵、尿素数量的增加，在我国一些玉米、棉花作物等大规模种植的平原地区氮溶液作为一种高浓氮肥，有很大的发展潜力。

二、铵态氮肥

铵态氮肥中的氮素以铵离子形态存在。其共同特点是：①易溶于水，能被作物直接吸收，便于迅速发挥肥效；②土壤酸体对铵离子有较强吸附能力，故铵态氮肥施入土壤后移动性小，几乎不存在淋失的问题；③铵态氮肥的另一个特点是遇碱性物质易产生氨的挥发损失。这也是石灰性土壤应十分注意深施并及时覆土的主要原因。以下分别介绍几种常用的铵态氮肥。

1. 硫酸铵

硫酸铵 [$(NH_4)_2SO_4$，含氮 20%～21%]，简称硫铵，俗称肥田粉，是我国最早使用和生产的氮肥品种。我国长期将硫铵作为标准氮肥品种对待，商业上所称的"标准氮"，即以硫铵的含 N 20%作为统计氮肥商品量的单位。

纯净的硫铵为白色晶体，有少量的游离酸存在。我国现行硫铵的标准为：含 N 20.5%～21%，水分 0.1%～0.5%，游离酸＜0.3%。硫铵施入土壤后，由于作物对 NH_4^+ 吸收相对较多，SO_4^{2-} 较多残留于土壤中易引起土壤酸化，故硫铵是一种典型的"生理酸性肥料"。SO_4^{2-} 在石灰性土壤中很易与 $CaCO_3$ 或土壤胶体置换下来的 Ca^{2+} 起反应，形成难溶性的 $CaSO_4$，虽不会明显影响土壤 pH 值，但易堵塞土壤孔隙，引起板结现象。因此，土壤中施用硫铵时应注意配合施用有机肥料，在酸性土壤中还应注意加石灰中和土壤酸性，以消除其副作用。

硫铵宜作追肥用，还可作基肥和种肥施用。值得注意的是，水田不适宜施用硫铵，因为 SO_4^{2-} 在淹水条件下易被还原为 H_2S，造成水稻根系的毒害。为了减少氨的挥发损失也应提倡深施。此外，硫铵中含 24% 的硫，同时也是一种硫肥，供给作物硫的需求。

2. 氯化铵

氯化铵（分子式为 NH_4Cl，含氮 24%～26%），简称氯铵，是一种重要的铵态氮肥。纯净的氯化铵是白色晶体，吸湿性略高于硫铵，但比硝铵小得多，易溶于水，不结块，物理性质较好，便贮存。氯铵和硫铵一样，均属生理酸性肥料。

氯铵适用于酸性和石灰性土壤，而不宜用于盐碱地，以免增加 Cl^- 对作物的危害。酸性土壤连着施用氯铵应注意配合施用石灰，以中和土壤酸性。石灰性土壤中施用氯铵时，生成易溶于水的氯化钙。在排水良好的土壤中，氯化钙可随降雨或灌水淋洗掉，但在排水不良或干旱地区氯化钙就会积累，提高土壤溶液中盐的浓度，对作物生长不利。氯铵在土壤中的转化与硫铵相似，铵离子被土壤胶体吸附，而氯离子则进入土壤溶液。

$$HCl \xleftarrow[H^+]{酸性土壤} NH_4Cl \xrightarrow[Ca^{2+}]{石灰性土壤} CaCl_2$$

氯铵中的 NH_4^+ 也可以进行硝化作用，但由于 Cl^- 对硝化细菌有一定的抑制作用，所以形成的 NO_3^- 相对较少（比硫铵）。因此，施用氯铵可以减少 NO_3^- 的淋失。

氯铵在水稻、小麦、玉米等作物上施用效果较好，但不宜在烟草、甜菜、甘蔗、马铃薯、葡萄、柑橘等忌氯作物上施用，以免降低这些作物的品质（如含糖量、燃烧性等）。氯铵可作基肥和追肥，不宜用作种肥。

3. 碳酸氢铵

碳酸氢铵（NH_4HCO_3，含氮 17%），简称碳铵。碳铵是我国一个主要氮肥品种，占全国农用氮总量的 50% 以上，在农业生产中发挥了重要作用。

碳铵是一种白色细粒结晶，有强烈的刺鼻、熏眼氨臭，吸湿性强，易溶于水，呈碱性反应（pH8.2～8.4）。碳铵是一种不稳定的化合物，在常温下也很易分解释放出 NH_3，造成氮素的挥发损失。故农民又称其为碳铵"气肥"。

碳铵的最大优点是其不含酸根，其三个组分（NH_3，H_2O，CO_2）都是作物的必需养分，属生理中性肥料，长期施用不影响土质，只要深施入土是最安全的氮肥品种之一。

碳铵的另一个特点是，其 NH_4^+ 比其他铵态氮肥（如硫铵、氯铵）更易被土壤胶体吸附，这主要与 HCO_3^- 电负性弱、对 NH_4^+ 的"牵引力"弱有关。因此，碳铵施入土壤后能为土粒牢固地吸附，很难移动，只要合理施用，碳铵在田间的肥效不亚于其他氮肥。

碳铵适应于各种土壤和作物，可作基肥和追肥，不应作种肥，以免影响出苗。深施覆土的肥效比撒施要高。

三、硝态氮肥

硝态氮肥包括硝酸钠、硝酸钙、硝酸铵和硝酸钾等，这些肥料中的氮素以 NO_3^- 的形式存在。硝态氮肥的共同特点是：易溶于水，是速效性养分；硝酸根为阴离子，难以被带负电的土壤胶体所吸附，在土壤剖面中的移动性较大；在通气不良或强还原条件下，硝酸根（NO_3^-）可经反硝化作用形成，N_2O 和 NO_2 气体，引起氮的损失；大多数硝态氮肥在受热（高温）下能分解释放出氧气，易燃易爆。故在贮运过程中应注意安全。因此，硝态氮肥不宜作基肥和种肥，作追肥时应避免在水田施用。施用过程中应特别注意淋失和反硝化的问题。

1. 硝酸铵

硝酸铵（NH_4NO_3，含氮 33%～35%）简称硝铵，是一种常用的硝态氮肥。硝酸铵为白色晶体，含氮量高。其中铵态氮和硝态氮各占一半，兼有两种形态氮肥的特性，也有人称之为铵-硝态氮肥。

硝铵中所含养分全部可被作物吸收利用，不残留任何酸根或盐基，是一种生理中性肥料。但水田施用硝铵时，氮素易淋失或因反硝化作用而引起脱氮损失，最适宜于旱地和旱作物，并以追肥为佳。对烟草、棉花、果树、蔬菜等经济作物尤其适用。硝铵不宜作种肥，因为硝铵浓度高、吸湿性强，与种子直接接触会影响种子萌发和幼苗生长。硝铵施用时也应提倡覆土，并注意降雨、灌溉和下渗水流对它的影响，尽可能减少 NO_3^- 的淋失和反硝化损失。

2. 硝酸钠

硝酸钠（$NaNO_3$，含氮 15%～16%），又名硝石。为白色或浅灰色结晶，易溶于水，是速效性氮肥。硝酸钠吸湿性很强，在潮湿空气中易潮解。属生理碱性肥料。硝酸钠宜作追肥，适用于酸性和中性土壤，盐碱土一般不宜。硝酸钠在一些喜钠作物，如甜菜、菠菜及烟草、棉花等旱作物上的肥效常高于其他氮肥。另外，施用硝酸钠时应注意防止 NO_3^- 的淋失。

3. 硝酸钙

硝酸钙［$Ca(NO_3)_2$，含氮 13%～15%］是白色细结晶，肥料级硝酸钙是一种灰色或淡黄色颗粒。硝酸钙极易吸湿，贮存在应注意密封。易溶于水，性质稳定，属弱的生理碱性肥料，适用多种土壤和作物。又因其含有较多的水溶性钙（19%），故对蔬菜、果树、花生、烟草等作物尤为适宜。硝酸钙一般作追肥效果较好。如必须作基肥时，可与有机肥料或高浓氮肥（如尿素）配合施用，减少养分的损失，充分发挥其增产效果。

四、酰胺态氮肥

酰胺态氮肥是指含有酰胺基 $CO(NH_2)_2$ 或在分解过程中产生酰胺基的氮肥。尿素和石灰氮是两种主要的酰胺态氮肥品种。

1. 尿素

尿素［$CO(NH_2)_2$，含氮 45%～46%］是人工合成的第一个有机物，它也广泛存在自然界中，如新鲜人尿中有 0.4% 的尿素。

普通尿素为白色结晶，吸湿性中强，而与硫铵或氯化钾混合后临界吸湿点更低，这是尿素与其他肥料掺混时应特别注意的。

尿素施入土壤后，即在脲酶作用下开始水解，形成碳酸铵，再进一步分解为 NH_3 和 CO_2，然后通过硝化作用形成硝酸盐。脲酶由土壤细菌和一些微小动物所分泌，在有机质含量高的肥沃土壤中脲酶活性较高，有利于尿素的转化，是造成尿素损失的主要方式。

尿素适应于各种土壤和作物，可作基肥和追肥施用，因其养分含量高，水溶性好，可以用做追肥。施用时应覆土，或干土层混施后，再浇适量水，施用时期可适当提前几天，使其有分解转化过程。由于分子态尿素也较易淋失，故施用尿素后不宜立即灌大水，以免淋洗至深层而降低其肥效。

植物叶片和其他幼嫩的营养器官能直接吸收尿素，因此，尿素被广泛用作叶面施肥。但作为叶面肥时尿素中缩二脲的含量应小于0.5%，防止其对作物引起的毒害。不同作物叶面喷施适宜浓度如表4-1。

表 4-1　尿素叶面喷施的适应浓度

作　　物	浓度/%
稻、麦、禾本科牧草	0.5～1.0
黄瓜	0.5～0.8
萝卜、白菜、菠菜、甘蓝	0.5～1.0
西瓜、茄子、甘薯、马铃薯、花生、柑橘	0.2～0.5
桑、茶、苹果、梨、葡萄	0.5
柿子、番茄、草莓、温室黄瓜及茄子、花卉	0.2～0.3

2. 石灰氮

石灰氮（$CaCN_2$，含氮 20%～22%）又名氰氨化钙，是一种有机氮肥。它是氮肥中唯一不溶于水的品种，吸湿性很弱。施入土壤后，肥效是一种相对缓效的氮肥，适宜于作基肥，并在播种或栽培前提前施用，防止有毒中间产物对幼苗根系的伤害。除用作肥料外，还可有较广泛的用途，如用作除草剂、杀虫剂、脱叶剂等。

五、长效氮肥

长效氮肥又称缓效氮肥或缓释氮肥，是指一类不同于常用氮肥速溶、速效特性的化学肥料。发展长效氮肥的目的主要通过控制氮肥的溶解度，达到缓释、延长肥效，使之能与作物生育期间对氮的需求相适应的目的。长效氮肥主要有三种类型，即微溶化合物、尿醛缩合物和包膜肥料（表4-2）。

表 4-2　长效氮肥的主要类型

类　型	主要成分	品种实例	N 含量/%
1. 微溶化合物	金属磷酸铵的盐 （$MeNH_4PO_4 \cdot xH_2O$）	磷酸镁铵 （$MgNH_4PO_4 \cdot 6H_2O$）	$6\sim9$
2. 尿醛缩合物	酰胺类化合物	草酰胺	31
	尿素甲醛缩合	尿甲醛	$38\sim40$
	尿素乙醛缩合	异丁二脲	31
3. 包膜肥料	半透膜包衣（水分透入而膨胀破膜）	包膜复肥（18-9-9）	18
	多孔膜包衣（孔内进水溶出肥料）	8 孔肥料包（包重 28g，内含氮肥或 NPK 复肥）	16
	固态膜包衣（减缓溶解速度）	硫衣尿素	$35\sim36$

　　长效氮肥的最大弱点是生长成本高，有些品种肥效不稳定，因而难以大面积推广。当前，国外长效氮肥也主要用于一些观赏园艺植物和草坪上。今后，长效氮肥的开发除了应改进其农艺性状和化学性质以利于施用以外，还应注意速效性氮肥的配合。

第二节　主要磷肥特性

　　磷肥是肥料三要素之一，也是世界上仅次于氮肥的主要肥料产品。

　　磷矿石加工的方法不同，可制出各种各样性质不同的磷肥产品。产品的特性主要反映在肥料中所含磷酸盐的形态和性质上。一般按磷酸盐的溶解性质，把磷肥分为三种类型。

一、水溶性磷肥

　　主要包括普通过磷酸钙、重过磷酸钙、磷酸二氢钾、磷酸铵、硝酸磷肥等。能溶于水，易被作物吸收利用，它的主要成分是磷酸二氢根（$H_2PO_4^-$），水溶性磷酸盐肥效好，但它们在土壤中很不稳定，易受各种因素的影响转化为弱酸溶性的磷酸盐或难溶性磷酸盐，而降低肥效。

1. 过磷酸钙

通常被称为普通过磷酸钙（简称普钙），是我国磷肥的主要品种。

过磷酸钙的主要成分为 $Ca(H_2PO_4)_2 \cdot H_2O$，还含有大量硫酸钙。为灰白色粉状或粒状的含磷化合物。其成品质量标准如表 4-3 所示。有效磷 (P_2O_5) 含量为 14%～18%，一般不得少于 12%。在过磷酸钙肥料中常含有 40%～50% 的硫酸钙（即石膏）和 2%～4% 的各种硫酸盐还有 3.5%～5% 的游离酸。呈酸性，对包装袋有腐蚀性。游离酸的存在还会使肥料易吸湿结块，尤其严重的是，过磷酸钙吸湿后会引起肥料中一些成分发生化学变化，导致水溶性的磷酸一钙转变为难溶性的磷酸铁、磷酸铝，从而降低过磷酸钙有效成分的含量，其反应如下：

$$Fe_2(SO_4)_3 + Ca(H_2PO_4)_2 \cdot H_2O + 5H_2O \longrightarrow$$
$$2FePO_4 \cdot 2H_2O + CaSO_4 \cdot 2H_2O + 2H_2SO_4$$

这一反应称为过磷酸钙的退化作用。

表 4-3　过磷酸钙成品的质量标准（部颁标准）

项　目	特级	一级	二级	三级	四级
有效磷(P_2O_5)/%	>20	18	16	14	12
游离酸/%	>3.5	4.0	4.5	5.0	5.0
水分/%	<8	10	12	14	14

过磷酸钙施入土壤后，其主要成分磷酸一钙与土壤中的某些成分发生反应而被固定，这就是磷肥利用率（一般只有 10%～25%）不高的主要原因。

在石灰性土壤中，磷酸离子在扩散过程中能与土壤中钙、镁离子，代换性钙、镁或钙、镁的磷酸盐结合，形成不同形式的磷酸钙、镁盐，降低磷的有效性。

在酸性土壤中，磷酸离子在扩散过程中能与土壤中铁、铝离子或交换性铁、铝作用，产生磷酸铁、磷酸铝沉淀，而降低磷肥中磷的有效性。

从上述各种固定作用中可以看出，土壤 pH 对水溶性磷酸盐在土壤中的转化有重要影响。在不同的 pH 值条件下，会形成不同形态的磷酸盐，其相互关系大致可概括如图 4-1。

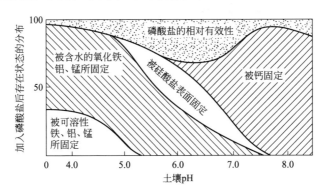

图 4-1　在不同 pH 值条件下无机磷被固定的示意图

从图 4-1 中可以看出，土壤在微酸性至中性（pH6～7）范围内，施入水溶性磷肥，土壤的固定作用最弱，相比之下其有效性也最高。

磷在土壤中的移动一般不超过 1～3cm，而绝大部分集中在施肥点周围 0.5cm 范围内。因此，合理施用过磷酸钙的关键是既要减少肥料与土壤的接触，避免水溶性磷酸盐被固定；尽量将磷肥施于根系密集的土层中，增加肥料与根系的接触，以利吸收。根据这一原则，一般可采取以下措施：

（1）集中施用。过磷酸钙无论是作基肥、种肥或追肥，均以集中施用的效果为好。

（2）与有机肥料混合施用。混合施用可以减少肥料与土壤的接触，因此也减少磷被固定的机会。同时，在石灰性土壤上有机肥料分解所产生的多种有机酸对水溶性磷酸盐具有保护作用。有机质还能为土壤微生物提供碳源，促进其繁殖，而微生物的大量繁殖既能把无机态磷转变为有机态磷暂时保护起来，又可释放出大量二氧化碳以促进难溶性磷酸盐的转化。

（3）制成颗粒磷肥。制成颗粒能减少磷肥与土壤的接触面，从而减少土壤对有效磷的吸附和固定。制成颗粒后施用与集中施用有相同的意义。

（4）分层施用。为了协调磷在土壤中移动性小和作物不同生育期根系发育及其分布状况的矛盾，在集中施用和适当深施的原则下，可采取分层施用的办法。

（5）用于根外追肥。根外追肥是经济有效施用磷肥的方法之一。它可以安全避免土壤对水溶性磷酸一钙的固定，有利于作物迅速吸收，并能节省肥料用量。尤其是在作物生长的后期，根系吸收养分的能力普遍减退，此时喷施磷肥能增加水稻、小麦的千粒重，棉花的百铃重和提高果树的坐果率。

过磷酸钙在土壤中移动性小，一般不强调施入土中作追肥。但是，对于一些缺磷严重的土壤，确实需要追肥时应及早施用，并注意施肥深度和位置，以利根系吸收。在砂质缺磷土壤上，早期追施过磷酸钙能有较好的效果。

过磷酸钙中含有大量的硫酸钙，在缺硫的土壤上施用，除供给磷营养外，有改善硫营养的效果。

2. 重过磷酸钙

含磷量（P_2O_5）可高达 $36\% \sim 52\%$，是高效磷肥品种。由于产品中含磷量比普钙高出 $2 \sim 3$ 倍，所以称为重过磷酸钙（简称为重钙），或称为双料、三料过磷酸钙。

重过磷酸钙的性质比普通过磷酸钙稳定，易溶于水，水溶液呈弱酸性反应，吸湿性较强容易结块。重过磷酸钙中基本上不含铁、铝等杂质，吸湿后不致发生磷酸盐退化现象。

重过磷酸钙施入土壤后，其转化过程与普通过磷酸钙相似，因此施用方法也相同，只是施用量应相应减少，并注意施得均匀。这一肥料适于施在各类作物和各种土壤上，只要施用方法正确，均能获得较好的增产效果。

重过磷酸钙中不含硫酸钙，对喜硫作物（如油菜）、豆科作物其肥效不如等磷量的普通过磷酸钙。在缺硫上，其效果也不如普通过磷酸钙。

二、弱酸溶性磷肥

包括钙镁磷肥、脱氟磷肥、钢渣磷肥、沉淀磷肥等。这类磷肥均不溶于水，但能被作物根分泌的弱酸溶解，因此能在被逐步溶解的过程中供作物吸收利用。弱酸溶性磷肥的主要成分是磷酸氢根

（HPO_4^{2-}）。此外，钙镁磷肥中所含的 $\alpha\text{-}Ca_3(PO_4)_2$ 在性质上也属于弱酸溶性磷酸盐。

弱酸溶性磷肥，在土壤中移动性差，不会流失，但肥效比水溶性磷肥稍差。弱酸溶性磷肥都有较好的物理性质，不吸湿，不结块。

1. 钙镁磷肥

为灰绿色粉末，不溶于水但能溶于弱酸，如 2% 的柠檬酸或中性柠檬酸铵。其主要化学成分是 a 型磷酸三钙，含 P_2O_5 14%～19%，肥料中还含有约 30% 的氧化钙和 15% 的氧化镁，是碱性肥料。

钙镁磷肥施入土壤后，在作物根系分泌的酸或土壤中的酸性物质作用下，逐步溶解释放出有效磷。在石灰性土壤上，钙镁磷肥的肥效不如等磷量的过磷酸钙，但后效较长。

为了充分发挥钙镁磷肥的肥效，必须要有正确的施用方法。

（1）作物种类。作物种类不同，对钙镁磷肥中磷的利用能力也不同。如水稻、小麦、玉米等作物的当季效果，一般为过磷酸钙的 70%～80%；对油菜、豆科绿肥，其肥效略高于过磷酸钙。

（2）土壤性质。在酸性土壤上施用钙镁磷肥一般能获得较好的肥效，当季肥效大多与过磷酸钙相当，有时还能略高于过磷酸钙。但如果在 pH 值大于 6.5 的石灰性土壤上施用，钙镁磷肥的肥效是较低的，只是有较长的后效。

（3）肥料细度。为了增加其肥效，一般要求有 80%～90% 的肥料颗粒能通过 80 号筛孔（即粒径为 0.177mm）。我国南方酸性土壤对钙镁磷肥溶解能力较强，肥料颗粒可稍大一些。而北方石灰性土壤的溶解能力较弱，肥料的颗粒则要求更细一些。

钙镁磷肥作为基肥并及早施用，使它在土壤中有较长的时间溶解和转化，一般不作追肥施用。为了提高其肥效，可预先与有机肥料混合堆沤。施用钙镁磷肥应注意施用深度，且用量应高于水溶性磷肥。

2. 其他弱酸溶性磷肥

这些磷肥品种在我国施用不普遍。其主要的成分、性质和施用技术要点见表 4-4。

表 4-4　几种弱酸溶性磷肥的主要成分、性质和施用技术要点

肥料名称	主要成分	P_2O_5 含量	性质与特点	施用技术要点
钢渣磷肥	$Ca_4P_2O_9$ $Ca_4P_2O_9 \cdot CaSiO_3$	5%～14%	深褐色粉末,是炼钢工业副产品,强碱性,不溶于水,稍有吸湿性,物理性质较好	适于酸性土壤上作基肥,其肥效比过磷酸钙好;但在石灰土壤上肥效效差,不宜施用。与有机肥料混合堆沤后,施用效果较好。对果树、豆科作物最适宜施用。能促进水稻茎秆健壮,提高抗倒伏能力
沉淀磷肥	$CaHPO_4 \cdot 2H_2O$	30%～40%	白色粉末,不吸湿,呈中性,不含游离酸。物理性质良好,贮存和施用都很方便	适于作基肥或种肥。施于酸性土壤的效果比过磷酸钙好;在石灰性土壤上肥效略有下降。在各种作物上均可施用
脱氟磷肥	$\alpha\text{-}Ca_3(PO_4)_2$ 或 $Ca_4P_2O_9$	20%左右	深灰色粉末,不吸湿,不结块,不含游离酸,呈碱性,贮存方便,肥料中 P_2O_5 含量随矿石质量而浮动	适用于酸性土壤作基肥。施用方法与钙镁肥相似。对各种作物均有增产效果

三、难溶性磷肥

包括磷矿粉、骨粉等。这类磷肥既不溶于水,也不溶于弱酸,而只能溶于强酸中,所以也称为强酸溶性磷肥。

1. 磷矿粉

磷矿粉是难溶性磷肥的代表,直接用于肥料的磷矿粉应是含弱酸性磷酸盐数量高的品种。

磷矿粉直接作肥料时肥效较差,因其主要成分是难溶性的。实践证明,提高磷矿粉肥效的关键在于提高其溶解度,加速磷的释放。这在很大程度上需要有酸(即 H^+)的存在。磷矿粉的肥效与下列因素有关。

(1)作物种类　根系阳离子交换量大的作物(如豆科作物),

大多利用磷矿粉中磷的能力比较强，因而肥效好；根系分泌物的酸度大的作物，表现为肥效好；根系吸收 CaO 数量相对较多的作物，也表现出利用难溶性磷酸盐能力强的特点，施磷矿粉后效果明显。

此外，多年生经济林木和果树对磷矿粉的利用能力都比较强，应提倡采用施磷矿粉作基肥。

（2）土壤条件　磷矿粉中磷酸盐的溶解直接受土壤本身酸度的影响。土壤酸浓度愈高，溶解磷矿粉的能力愈大，肥效也就愈高。因此，磷矿粉适宜施于酸性土壤上，在石灰性土壤上效果很差。

（3）磷矿粉的细度和用量　磷矿粉颗粒的大小也是影响肥效的重要因素。粒径愈小，颗粒愈细，比表面积就愈大，磷矿粉与土壤以及作物根系的接触机会就愈多，这有利于提高其肥效。从节省能源和经济效益来考虑，磷矿粉的细度以 90% 的颗粒通过 100 号筛孔（即粒径为 0.149mm）为宜。

（4）与其他肥料的配合　磷矿粉与酸性肥料（如过磷酸钙）或生理酸性肥料（如硫酸铵、氯化钾等）混合施用可提高磷肥的肥效。这是因为酸性物质增加了磷矿粉中难溶性磷酸盐的溶解度。磷矿粉与有机肥料共用堆腐，施于酸性土壤有稳定的增产效果，但在石灰性土壤上效果不很稳定。

磷矿粉具有溶解缓慢而后效较长的特点，因此每次用量不宜过少。一般用量每亩 50～100kg。应结合翻地撒施作基肥，并应深翻入土。

2. 骨粉

骨粉是我国农村应用较早的磷肥品种。它是由动物骨骼加工制成的。它的成分比较复杂，除含有磷酸三钙［$Ca_3(PO_4)_2$］外，还含有骨胶、脂肪等。

骨粉不溶于水，肥效很慢，宜作基肥。它最适宜施用在酸性土壤上，在石灰性土壤上效果很差。

骨粉和磷矿粉虽然都是难溶性磷肥，但性质上不完全相同。骨粉的主要成分是磷酸三钙，比磷矿粉容易被酸溶解；骨粉中含有氮素，质地疏松，因此肥效比磷矿粉明显。

第三节　主要钾肥特性

钾素是植物必需营养元素中最重要的三大要素之一。在 20 世纪 70 年代末和 80 年代初，全国钾肥效应试验，证实我国多数地区和多数作物，特别是南方地区的各种经济作物，对钾素有良好效应。近些年，随着土壤钾库的耗损以及农产品品质的需求增加，钾肥的需求量日益增加。

目前钾的主要生产国有 12 个，主要集中在三个地区——东欧、西欧和北美。加拿大和前苏联存在大量的钾矿，这两个国家大约占世界储量的一半以上，占世界资源的 80% 左右。我国可溶性钾资源严重缺乏，分布集中。目前已探明的钾盐储量仅占世界储量的 0.02%。

钾肥品种较多，生产中施用量大，有实用价值的主要是氯化钾、硫酸钾、碳酸钾、硝酸钾和含钾复肥。此外，农村广泛存在的草木灰，由于含钾量高通常也作为钾肥施用。

一、氯化钾

氯化钾因其含钾量高、资源丰富、加工较简便而价格较低，在钾肥中居主要地位。制造氯化钾的原料有光卤石（$KCl \cdot MgCl_2 \cdot 6H_2O$，含 K_2O 9%～11%）、钾石盐（$KCl \cdot NaCl$，含 K_2O 12%）和盐卤等。

氯化钾是白色晶体。肥料级氯化钾含 K_2O 50%～60%，含 Cl 47.6%，常因含少量的钠、钙、镁、溴和硫等元素或其他杂质，而带淡黄或紫红等颜色。氯化钾的吸湿性不大，但长期贮存会结块；特别是含杂质较多时，吸湿性增大，更容易结块。它易溶于水，是速效性钾肥，属生理酸性肥料。钾离子既能被作物吸收利用，也能与土壤胶粒上的阳离子进行交换。钾被交换后成为交换性钾而移动性明显降低。在中性或石灰性土壤中，其反应为：

$$[土壤胶粒]—Ca^{2+} + 2KCl \rightleftharpoons [土壤胶粒] \begin{matrix} K^+ \\ \\ + CaCl_2 \end{matrix}$$

生成的氯化钙易溶于水，在灌溉时能随水淋洗至下层，因此对作物生长无影响。

在酸性土壤中，其反应为：

$$[土壤胶粒] \bigg\langle \begin{array}{c} H^+ \\ \\ + 2KCl \end{array} \rightleftharpoons [土壤胶粒] \bigg\langle \begin{array}{c} K^+ \\ \\ + 2HCl \end{array}$$

生成的盐酸能增强土壤酸性，有可能加强活性铁、铝的毒害作用。因此，在酸性土壤上施用氯化钾应配合施用有机肥料和石灰，以便中和酸性。

氯化钾中含有氯离子，对于忌氯作物以及盐碱地不宜施用。可作基肥和追肥，但不能作种肥。由于钾在土壤中移动性小，一般均作基肥用，但在缺钾的砂质土壤上追施钾肥可有明显的增产效果。有资料报道，由于氯可以减少茎内同化产物向外转移，有助于纤维的形成，并提高其品质，因而氯化钾更适宜施于棉花和麻类等纤维作物。

二、硫酸钾

硫酸钾为白色晶体，分子式为 K_2SO_4，含 K_2O 48%～52%，易溶于水，也是速效性钾肥。吸湿性较小，贮存时不易结块。它和氯化钾一样，均属于化学中性、生理酸性肥料。硫酸钾施入土壤后，在中性和石灰性土壤上生成硫酸钙，而在酸性土壤上生成硫酸。其反应如下：

$$[土壤胶粒]—Ca^{2+} + K_2SO_4 \rightleftharpoons [土壤胶粒] \bigg\langle \begin{array}{c} K^+ \\ \\ K^+ \end{array} + CaSO_4$$

$$[土壤胶粒] \bigg\langle \begin{array}{c} H^+ \\ \\ H^+ \end{array} + K_2SO_4 \rightleftharpoons [土壤胶粒] \bigg\langle \begin{array}{c} K^+ \\ \\ K^+ \end{array} + H_2SO_4$$

生成的硫酸钙（石膏）溶解度小，易存留在土壤中。如果长期大量施用硫酸钾，要注意防止土壤板结，应增施有机肥料以改善土壤结构。酸性土壤可配施石灰以中和酸性。

硫酸钾作基肥、种肥、追肥均可。一般以基肥最为适宜，并应注意施肥深度。应集中条施或穴施，使肥料分布在作物根系密集的湿润土层中。这样既可减少钾的固定，也有利于根系的吸收。如作追肥时，也应设法施于根系密集的土层中。

遇缺硫或硫含量不很丰富的土壤、需硫较多的作物，种植对氯敏感的作物，需优先保证品质的作物等，均应选用硫酸钾。

三、窑灰钾肥

窑灰钾肥是水泥厂的副产品，含多种成分，含 K_2O 8%～12%，还含有一定数量的钙、镁、硅、硫、铁以及各种微量元素。

窑灰钾肥呈灰黄色或灰褐色。它所含的钾有 90%是作物能直接吸收利用的水溶性钾，主要是硫酸钾、碳酸钾等。窑灰钾肥中含有较多的氧化钙（一般占 30%～40%），所以它是一种强碱性的肥料。它吸湿性很强，吸水后能发热，因此也是一种热性肥料。

窑灰钾肥可作基肥或追肥，但不可作种肥。窑灰钾肥最适于在酸性土壤上施用，或施在需钙较多的作物上。由于是强碱性肥料，不可与铵态氮肥混合施用，以免引起氮素的挥发损失，也不可与过磷酸钙混合，否则会降低磷肥的肥效。

四、草木灰

植物残体燃烧后所剩余的灰分统称为草木灰，草木灰是农村中一项重要的钾肥肥源。

草木灰中含有各种钾盐，其中以碳酸钾为主，其次是硫酸钾，氯化钾含量较少。草木灰中的钾 90%都能溶于水，是速效性钾肥。属碱性肥料。

草木灰可作基肥、种肥或追肥，其水溶液也可用于根外追肥。草木灰通常以集中施用为宜，采用条施或穴施均可。施用深度约10cm，施后立即覆土。草木灰还可用作水稻秧田的盖肥，能起到供给养分，增加地温，减少青苔，防止烂秧以及疏松表土，便于起秧等多种作用。棉籽浸种后用草木灰拌种，既有利于种子分散，便于下种，又兼有一定的营养作用。

草木灰应优先施在忌氯喜钾的作物（如烟草、马铃薯、甘薯）上。它不能与铵态氮肥混合施用，也不应与人粪尿、圈肥等有机肥料混合，以免引起氮素的挥发损失。

目前我国钾肥供应有限，不可能完全满足生产的需要，只能首先按照需求程度来分配，合理施用钾肥的一般原则如下。

1. 施于喜钾作物

豆科作物对钾最敏感，施钾肥后增产显著。含碳水化合物多的薯类作物和含糖较多的甜菜、甘蔗以及一些浆果等需钾量也较多。经济作物中的棉花、麻类和烟草等也是需钾较多的作物。禾本科作物中以玉米对钾最为敏感，而水稻、小麦对钾不太敏感。

2. 施于缺钾的土壤

土壤质地粗的砂性土大多是缺钾土壤，施用钾肥效果显著。

3. 施于高产作物

高产作物一般需钾量较高，从土壤中带走的钾素较多，长期种植高产作物，土壤中钾素库容耗竭，如果钾肥供应不及时，易造成缺钾问题。因此，钾肥需要优先分配于高产作物。

第四节　主要复合肥特性

一、复合肥概述

（一）定义与养分含量标识

复合肥料系指肥料商品中，含有氮、磷、钾三要素中两种或两种以上养分的肥料。在复合肥料中除 N、P、K 以外，亦可以含有一种或几种可标明含量的中量营养元素或（和）微量营养元素。

复混肥料主要是按氮、磷、钾的次序分别以 N，P_2O_5，K_2O 的百分含量表示。例如，规格标注为 15-15-15 表示为含 15% N、15% P_2O_5、15% K_2O。如果是二元复混肥料，以"0"表示所缺的一种养分元素，例如：18-46-0。含有微量营养元素在 K_2O 后面的位置上表明。例如，12-12-12＋（Zn），是含有锌的三元复混肥料。

（二）类型

按照复肥中营养成分复混或综合的工艺特点与二次加工的方式来分类，分为以下三种主要类型。

1. 化成复肥

其养分的含量与比例是由生产流程中的化学反应所决定，所生成化合物的化学组成即是复肥的成分，不再用混配等方式调节。化成复肥一般属二元型复肥，无副成分。

2. 配成复肥

养分的含量和比例系在生产流程中经配入单一肥料或由几种单一肥料按工艺配方配制后决定，因而可按不同要求而予以调节。这类肥料大都属于三元型复肥，常含有副成分，如尿磷钾、硝磷钾型三元复肥。中国近年来大量进口和生产的 15-15-15 复肥，即是一种配成复肥。

3. 混成复肥（混肥或掺肥）

将基础物料进行固体掺混而成的复肥，掺混的方式有两种，一种是早期采用的将基础物料原状掺混而成。另一种是近代应用的将粒状基础物料进行散装掺混。所用的物料可以是单质肥料，也可以是化成复肥，养分的含量与比例可以大幅度调节，适合于服务区的土壤与农作物的营养需求，配方因时因地可以变更。经常是随混随用，不做长期存放。在欧美国家混成复肥由肥料销售系统或配肥站进行。

除了固体复肥以外，还有流体复肥。在流体复肥中属于化成类型的如 8-24-0 的液体磷铵，11-34-0 的液体多磷铵；属于配成类型的有 8-16-12 三元流体复肥；混成类型的更多。

二、主要复合肥特性

（一）二元复合肥料

1. 磷酸铵

磷酸铵，含 $NH_4H_2PO_4$ 与 $(NH_4)_2HPO_4$；含 N $10\% \sim 18\%$，含 P_2O_5 44%，这是一类由磷酸和氨反应生成的高浓化成复合肥料。

肥料级磷酸铵产品，常是一铵和二铵的混合物，而以其中一种为主。如肥料级磷酸一铵中通常一铵占 70% 以上，其余为二铵等成分。

磷酸铵类产品都是白色结晶状物质。目前世界上使用最广泛的磷酸铵品种是磷酸一铵和磷酸二铵，其基本理化性质如表 4-5 所示。

表 4-5 磷酸铵的主要理化性质

| 名称 | 简写 | 水中溶解度 | 溶液 pH | 分子分解 | 养分含量/% | | | |
| | | | | | 结晶 | | 肥料级 | |
		25℃,g/100g	0.1mol/L	温度/℃	N	P_2O_5	N	P_2O_5
磷酸一铵	MAP	41.6	4.4	>130	12.17	61.71	10~12	48~52
磷酸二铵	DAP	72.1	7.8	>70	21.19	53.76	18	46

磷酸铵是一种高浓度速效氮磷二元复合肥料,作种肥时应特别注意不能与种子直接接触;作基肥时施肥点不能离幼根幼芽太近,以免受 NH_3 的灼伤。磷酸铵一般宜作基肥,但需配施一定量的氮肥。磷酸铵可与多数肥料掺混施用,但必须避免与碱性肥料掺混,因其能促使磷酸铵分解而释放氨。在 pH 值大于 7.5 的石灰性土壤中很易发生分解,引起氨的挥发损失。同时,因部分水溶性磷生成 $CaHPO_4$ 而向枸溶磷退化。主要化学反应如下:

$$CaCO_3 + (NH_4)_2HPO_4 \longrightarrow 2NH_3 \uparrow + CaHPO_4 + CO_2 \uparrow + H_2O$$

$$Ca(HCO_3)_2 + (NH_4)_2HPO_4 \longrightarrow$$

$$CaHPO_4 + 2NH_4HCO_3$$

$$\longrightarrow NH_3 \uparrow + CO_2 \uparrow + H_2O$$

2. 偏磷酸铵

偏磷酸铵（NH_4PO_3；含 N 12%~14%,含 P_2O_5 65%~70%）是一种结晶状、稍有吸湿性但不结块的氮磷复合肥料。纯品含 N 14.4%,含枸溶性 P_2O_5 73%。

可以固体形式直接作肥料使用,也可制成液体肥料。如在生产过程中向湿式洗涤器中加氨,即可制成含 N 约 11%,含 P_2O_5 约 40% 的胶黏状液体复合肥料。

偏磷酸铵主要作基肥施用。在其施入土壤后将首先转变成正磷酸铵,反应为 $2NH_4PO_3 + 2H_2O \longrightarrow (NH_4)_2HPO_4 + H_3PO_4$,然后与正磷酸铵一样被作物吸收利用或继续进行其他化学变化。

3. 磷酸铵系复肥

（1）硫磷酸铵　如由 32% 磷酸一铵和 59% 硫酸铵生产的品位为 16-20-0 的硫磷酸铵,产品的物性好,临界吸湿点为相对湿度 75.8%,比磷酸一铵高。

（2）硝磷酸铵　　代表性品种的品位有 25-25-0，28-14-0 等多种，系由磷酸硝酸混合酸与氨中和的产品，有时还可加入钾盐（氯化钾）制成三元复肥。

（3）尿磷酸铵　　这是一种高浓度的固体复肥，有 N-P 型和 N-P-K 型，如品位为 28-28-0 和 22-22-11 等品种，一般由磷酸铵料浆或由粉粒状成品与喷淋粒化的尿素共同造粒而成，产品物性好。适用于多种土壤与作物。

4. 硝酸磷肥

硝酸磷肥［$CaHPO_4 \cdot NH_4H_2PO_4 \cdot NH_4NO_3 \cdot Ca(NO_3)_2$；含 N 13%～26%，含 P_2O_5 12%～20%］是由硝酸或硝酸硫酸（或硝酸磷酸）混合酸分解磷矿粉，除去部分可溶于水的硝酸钙后的产物。

一般为灰白色颗粒，有一定吸湿性，部分溶于水，水溶液呈酸性反应。

硝酸磷肥可用于多种作物和土壤，由于其所含的氮素中约 50% 是硝态氮，易随水流动，故更适宜于旱地和旱作物，一般不用于水田和豆科作物。硝酸磷肥可作基肥和追肥，但作基肥集中深施的效果更好。与单一的氮肥（硝铵）和磷肥（普钙或重钙）等养分相比较，硝酸磷肥的肥效基本相似。

5. 磷酸二氢钾

磷酸二氢钾（KH_2PO_4；含 P_2O_5 52%，含 K_2O 34%）是白色或灰白色粉末，20℃时相对密度为 2.3，吸湿性弱，物理性质良好，易溶于水，水溶液呈酸性，pH3～4。

磷酸二氢钾适合各种作物与土壤使用，尤其适用于磷钾养分同时缺乏的地区和喜磷喜钾作物。将其作根部施肥时，可作基肥、种肥或中晚期追肥。由于 KH_2PO_4 较昂贵，农用产品又较紧缺，故常采用浸种或根外追肥的方法使用。对大田作物浸种时浓度常用 0.2%，浸 18～20 小时，晾干后即可播种。作根外追肥时若单独喷施，最高可用 0.5%。也可与其他养分配成复合营养液作根外追肥。近年在我国各地使用的叶面复合营养液，也大都将 KH_2PO_4 作为一种高浓又有较好亲水性的磷钾肥源。

6. 硝酸钾

硝酸钾（KNO_3；含 N 13％，含 K_2O 44％）是硝酸的钾盐，一种不含氯的氮钾二元复合肥料。肥料级产品含 K_2O 44％和含 N 13％左右。不含其他副成分。N∶K_2O 为 1∶3.4，是含钾为主的高浓复肥品种之一。

纯品硝酸钾外观白色，通常以无色晶体或细粒状存在，物理性状良好。肥料级产品外观大都呈浅黄色。微吸湿，一般不易结块；易溶于水。硝酸钾是一种强氧化剂，加热分解出氧。

硝酸钾所含的 NO_3^- 和 K^+ 都容易被作物吸收，硝酸钾施入土壤后，较易移动，适宜作追肥，尤其是作中晚期追肥或作为受霜冻害作物的追肥。对烟草、葡萄、茄果类蔬菜等经济作物作追肥，肥效快，产品的质量好硝酸钾除可单独施用外，也可与硫酸铵等氮肥混合或配合施用。

（二）三元复合肥料

这是含有氮磷钾三个养分的一类复合肥料，而不是一个品种。

三元复肥的基本类型有三个：硫磷钾型、尿磷钾型和硝磷钾型。生产这些三元复肥的磷源相似，大都采用磷铵、重钙或普钙，主要差别是氮源。

下面分别介绍几个品种。

1. 15-15-15 复肥

这是一种 N、P、K 养分相等的 1∶1∶1 型复肥，世界多数国家生产和施用，尤其欧洲各国。我国也大都从欧洲进口。

这种复肥一般具有以下特点：

（1）粒形一致，外观较好，粒径以 1.5～3mm 居多。

（2）养分含量高达 45％，所有组分都能水溶。

（3）氮素一般由 NO_3^--N 和 NH_4^+-N 两部分组成，各占 50％左右。有些产品的 NH_4^+-N 常较多（占 50％～60％），NO_3^--N 较少（40％～50％）。

（4）磷素中既有水溶性磷，也有枸溶性磷，一般水溶性磷较少，占 30％～50％，枸溶性磷较高。

（5）多数产品的钾素以 KCl 形态加入，即产品中含有约 12％的氯。只有当注明用于忌氯作物的产品，才用 K_2SO_4 作钾源，但价格较贵。

（6）产品中一般不添加微量元素养分。

这种三元复肥我国习惯上称通用型复肥，即可以通用于所有土壤和作物。当将三元复肥用于有特殊要求的作物时，可以按要求用单一肥料调节其养分比例。这种复肥的生产量很大，世界各国几乎都有施用。

2. 其他三元复肥

除三个 15 以外的三元复肥，批量生产的有几十种。其中属 1：1：1 型的，如 8-8-8，10-10-10，14-14-14 和 19-19-19 等多种。更多的产品属 N、P、K 养分的含量不相等的。表 4-6 中列出欧洲国家生产出口的若干三元复肥品种的养分组成。

表 4-6　欧洲国家生产出口的几种三元复肥的养分组成

品级	$N+P_2O_5+K_2O/\%$	N/%			$P_2O_5/\%$		
$N-P_2O_5-K_2O$		含量	NH_4-N	NO_3-N	含量	枸溶	水溶
15-15-15	45	15	8	7	15	10.5	4.5
10-20-20	50	10	6	4	20	8	12
12-12-17-2	41	12	7	5	12	8	4
12-24-12	48	12	8	4	24	7	17
13-13-21	47	13	7	6	13	9	4
15-15-6-4	36	15	8	7	15	9	6
15-15-12	42	15	9	6	15	8.5	6.5
17-17-17	51	17	9	8	17	5	12
20-10-10	40	20	11	9	10	3	7

品级	$K_2O/\%$			$MgO/\%$
$N-P_2O_5-K_2O$	含量	KCl 源	K_2SO_4 源	
15-15-15	15	15	—	—
10-20-20	20	20	—	—
12-12-17-2	17	8.5	8.5	2
12-24-12	12	12	—	—
13-13-21	21	21	—	—
15-15-6-4	6	6	—	4
15-15-12	12	—	12	—
17-17-17	17	17	—	—
20-10-10	10	—	10	—

注：MgO 不计入养分含量。

60

美国用于花卉的三元复肥"花宝"，有 10-30-20（用于促进开花结果）、25-15-10 型（促进根、茎、叶强壮）以及 30-10-10 型（促进幼苗生长及观叶植物用）等多种。

日本在蔬菜上常用的三元复肥，如用于茄果类蔬菜的基肥有 14-18-16 型和 12-22-12-3 型（MgO）等；追肥有 16-4-16 型和 10-4-8 型等；用于叶菜类的基肥有 12-16-12 型和 14-22-14 型等，追肥有 16-4-16 型和 23-0-23 型等。可以清楚地看出，用作基肥的三元复肥中，磷含量显著较高；用作追肥的以氮、钾养分为主。

还有一些特殊类型的三元复合肥料，如配有缓释氮肥（长效氮肥）的三元复肥、添加有农药的三元复肥等。如巴斯夫（BASF）公司推出的缓释氮复肥系列中，氮源均配入不同量的异丁烯叉二脲（Isobutylidene diurea，IBDU），且在这些复肥中都加有复合微量养分 2%～3%，包括 Fe、Cu、Zn、B 和 Mo。

（三）掺合肥料

掺合肥料是应用机械方法将颗粒状的若干种基础肥料，按养分配方要求掺合在一起的肥料。用于掺合的物料粒径、粒形与相对密度上要求相似，几种颗粒状物料进行散装掺合后，成品可散装或袋装，但以散装居多，成本更低。用于掺合的物料，可以是几种单质肥料的掺合，也可以是单一肥料和某种化成复合肥料的掺合。所用各种基础物料的比例，完全取决于施用作物和土壤状况所需的养分比例。最常用的掺合基础物料是 MAP、DAP、重钙、氯化钾、硝铵、尿素和硫铵。

掺合工艺系统通常与肥料的销售系统及农化服务系统结合而发展。农化服务系统可为掺合工艺提供适合的掺合养分比例，并指导合理使用；销售系统则能保证按用户要求供货，直至送肥到田头，或兼营施肥服务。目前大致有以下几种结合形式：

（1）小型配肥站掺合与零售相结合，服务半径约 50km，能配制任何比例的氮、磷、钾养分，并可添加微量元素；

（2）大型配肥站，常位于运输中心或港口，服务半径宽，除配肥料外，还可兼营基础肥料批发，有时还可与粮食收购相结合；

（3）与工厂联合经营的配肥站，常生产多种稳定牌号的粒状掺合肥料，有时还与料浆生产工艺结合，把部分基础肥料如钾肥和微肥，加入料浆一起造粒后再行掺合。典型的掺合工厂设备简单，主要由料仓（存放不同基础肥料）、铲车、提升机、传送带和掺合斗（混合器）等构成，如图 4-2 所示。

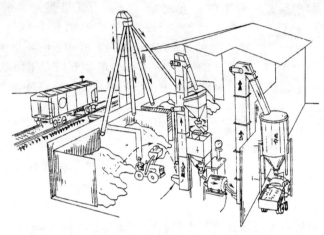

图 4-2　散装-掺合装置的一种普通形式

使用掺合肥料较多的美国，常要求当天掺合当天施用，尽量不予存放。其他国家有贮存几周甚至几个月的，因而掺合物料的贮存性质十分重要。施用掺合肥料要尽量防止基础肥料在施用过程中的分离和偏集。

（四）流体复合肥料

流体状复肥包括清液型（溶液型）、悬浮型（悬浮液）和泥浆型（浆液型）三种类型，尤其是清液型和悬浮型在美国发展很快。

1. 清液型复肥

清液型复肥没有粉尘和烟雾排放问题，贮运中也不会吸湿结块。但清液型复肥的原料必须是水溶性并纯度较高的产品，即对原料的选择有一定局限。由于受不同组分溶解度的限制，总的养分浓度也较低，$N + P_2O_5 + K_2O$ 量大多小于 35%，且要有专用的贮运和使用设备，使其流通费用相对较高。而在遇到温度剧变，尤其在低温时，一些组分可能会产生结晶而沉淀（盐析作用）。

对缺硫地区，部分氮源可用硫铵或硫酸氢铵代替。如用作叶面喷施时，则钾源可用较贵的磷酸二氢钾或硫酸钾。磷源中使用多磷酸铵则优于正磷酸铵。因其溶解度更高，并对 Cu、Zn 等微量养分和由湿法磷酸中带入的大部分杂质（如 Fe）起多价螯合作用，使复肥溶液更清亮。

2. 悬浮型复肥

这是一类加有悬浮型复肥悬浮剂的液体复肥。常用的悬浮剂是在搅拌下能造浆的胶状黏土矿物，如膨润土、白土等。

与清液型复肥相比，悬浮型复肥的最主要优点为：

（1）由于原料可以选择某些粗制品，可大大降低成本；

（2）产品的含量可提高，特别是可以提高钾的含量，如生产 3-9-27 或 4-12-24 等高钾含量产品；

（3）可以加入数量较大的多种微量养分，而不必考虑其能否全部溶解；

（4）对那些一般不溶解的除草剂和杀虫剂，也可加入悬浮型复肥中同时使用。

3. 泥浆型复肥

这是一类比悬浮型复肥更为黏稠的非清液型复肥。由于加入的黏土（或黏土矿物）量多达 5％左右，外观呈泥浆状。以黏土矿物作为载体，能更多地悬浮起肥料固体（结晶）微粒，使肥料的养分浓度得以进一步提高，几乎与高浓固体复肥的浓度相似，氮磷钾养分量可达到 50％～60％，则可大大节省运输费用，但需专用设备并在不断搅拌下运输，泵运的能耗也较高，使用时可先予稀释，并用专门的施肥机械施用。

（五）复合叶面营养液

为了同时使用多种养分，减少喷肥次数和用工，逐渐发展了多种叶面复合营养液。

通常一个完整的复合叶面营养液，由以下几个基本部分组成。

1. 大量营养元素

一般占溶质的 60％～80％，主要由尿素和硝铵配成。硫铵、氯铵等一般不用作氮源。任何一种大量养分，均可同时使用两种或多种养分源（表 4-7）。

表 4-7　叶面营养液的适宜 NPK 养分源

大量养分	适宜形态	可用形态	备　　　注
N	尿素、硝铵、硝酸钾、硝酸	硫铵、氯铵	在有酸作肥源时，也可用部分碳铵
P	磷酸二氢钾（钠）、磷铵、聚磷酸	重钙	复合营养液，一般不用普钙，但有时可单独其浸出液
K	磷酸二氢钾、硝酸钾	氯化钾、硫酸钾	对作物 SO_4^{2-} 较 Cl^- 为好，但 SO_4^{2-} 用于原液易产生沉淀

2. 微量营养元素

一般加的总量可占溶质的 $5\%\sim30\%$。将微量元素用于叶面喷施，效果明显高于等量根部施肥。通用型复合营养液常加入 $5\sim8$ 种中量元素和微肥（如 B、Mn、Cu、Zn、Mo、Fe、Mg、Co）；专用型复合营养液，大都加入对喷施作物有肯定效果的 $2\sim5$ 种微肥，或可对其中 $1\sim2$ 种适当增加用量。

由于微肥的肥效在很大程度上受到土壤 pH 和施用技术等条件的制约，故在选择营养液中微肥种类时既要考虑作物对象（对微肥的敏感程度），更多的要考虑施用地区土壤中微量元素的含量水平和有效性。

过量喷施微量元素，将可能引起毒害。故不论是单独喷 $1\sim2$ 种微肥，还是配入复合营养液中，都必须十分重视选择适宜的浓度（表 4-8）。

表 4-8　干微肥的喷施浓度（按化合物百分比计）

微量元素	化合物形态	有效成分/%	常用浓度/%
B	硼酸（H_3BO_3）	17	$0.05\sim0.15$
B	硼砂（$Na_2B_4O_7 \cdot 10H_2O$）	11	$0.05\sim0.20$
Mn	硫酸锰（$MnSO_4 \cdot 7H_2O$）	$24\sim28$	0.1
Cu	硫酸铜（$CuSO_4 \cdot 5H_2O$）	25	$0.02\sim0.05$
Zn	硫酸锌（$ZnSO_4 \cdot 7H_2O$）	23	$0.05\sim0.2$
Mo	钼酸铵[$(NH_4)_6Mo_7O_2 \cdot 4H_2O$]	$50\sim54$	$0.01\sim0.05$
Fe	硫酸亚铁（$FeSO_4 \cdot 7H_2O$）	$19\sim20$	$0.1\sim0.2$

最易被作物吸收的金属微肥是螯合态化合物，如 Fe^{2+}-EDTA，

Zn^{2+}-DTPA 等，但价格较贵，必要时可少量配入。钼酸铵可用钼酸钠代替，价格较低，更易溶解。除少数特殊品种外，通常没有只含微量元素的复合营养液。

3. 表面活性剂

这是一种助剂，目的是减少营养液雾滴接触叶面时的表面张力，使其易于粘附，减少损失，增加叶面吸收。

目前最常见的营养液由大量养分（N 或增加 PK）、微量养分（3～5 个元素）以及表面活性剂三部分组成。

营养液中虽可混合某种农药，但一般不宜掺入农药原液。可在用水稀释的同时，按农药的用药量配入后一起喷射。多数农药可与营养液混施。

（六）专用复合肥料

是针对特定土壤和作物配制不同成分和比例的专用复肥。如我国已有的烟草专用复肥，茶叶专用复肥及加锌专用肥料（适用于缺锌土壤上的某些作物）等，这类肥料主要用于特种作物和经济作物。欧美及日本各国都发展了一定的专用复肥。

农业发达国家及某些发展中国家或地区，特别是它们种植的一些经济作物，大都已进入平衡施肥阶段，所以针对作物营养与施肥要求的专用复肥便应运而发展。若干经济作物专用复肥举例（表4-9）。

表 4-9   若干经济作物专用复肥的主要成分

适用作物	型号举例 $N-P_2O_5-K_2O-Mg/\%$
茶	25-5(0)-15-0
桑	8-8-6-2
橡胶	8-12-12-0
花生	5-10-15-0
油棕	15-15-6-4
蔬菜（基肥）	12-22-12-3
葡萄	8-6-14-0

第五节   有机肥料特性

有机肥料是我国农业生产中的一项重要肥料。在现代农业生产中有机肥料和化学肥料一样，发挥着极其重要的作用，特别是蔬菜生产，对于农业的可持续发展具有特殊的意义。

一、概述

有机肥料是指来源于植物和/或动物，经发酵、腐熟后，施于土壤以提供植物养分为其主要功效的含碳物料。精制有机肥是指经工厂化生产的，不含特定肥料效应微生物的，商品化的有机肥料。它们是我国农业生产中的一项重要肥料。

（一）有机肥料的来源和特点

人畜粪尿、作物秸秆、绿肥、泥炭、城市废弃物等都是重要的有机肥源。根据有机肥料的来源和循环利用方式，将有机肥分为三种基本类型，即绿色植物再循环、农作物副产品再循环和动植物废弃物再循环（图4-3），其中粪尿肥、堆沤肥、秸秆及绿肥是我国有机肥的主体。

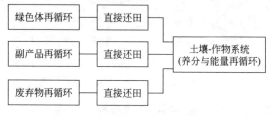

图 4-3　有机肥利用与再循环方法

有机肥与化肥的主要特点比较，如表4-10所示。

表 4-10　常用有机肥和化肥的特点比较

肥料特点	有机肥	化　肥
种类	多	较多
有机质含量	高	无
养分	全面,但含量较低	较单一,含量高
肥效	缓慢,有后效	迅速,难持久
改良土壤	良好	无直接改土作用

（二）有机肥料在农业生产中的作用

（1）提供作物所需的各种矿质养分和有机养分；

（2）增加土壤有机质含量，提高土壤肥力；

（3）提高作物产量，改善农产品品质；

（4）改善土壤微生物的活性；

（5）提高解毒效果，净化土壤环境。

概括起来，有机肥料是作物养分的仓库，有强大的保肥能力和缓冲抗逆性能，对于培肥土壤和提高作物产量的品质起着十分重要的作用。

目前有机肥料发展的一个重要特点就是商品化，即将有机肥料加工转化为商品有机肥。商品有机肥有泥炭，植物性废弃物如饼肥、堆肥，动物性废弃物如骨粉、血粉，以及经处理的城市垃圾等多种。国外商品有机肥的开发和研制进行得较早，主要针对城市污泥、垃圾等废弃物通过无害化处理，制成商品堆肥（厩肥）后出售。国内这方面的探索开始较晚，因受技术和资金条件的限制，目前商品有机肥还难以大面积推广。商品有机肥的最大特点是价格相对于化肥（等效养分）便宜，而且施用较为方便，加上有机肥在培肥土壤方面的优势，将有很大的发展潜力。除此之外，绿肥、沼气肥在未来农业生产中也是很有潜力，是值得进一步发展、推广的有机肥。

二、主要的有机肥料品种

（一）粪尿肥

粪尿肥包括人粪尿、家畜粪尿以及家禽粪尿等，是重要的有机肥料。粪尿肥的共同特点是来源广泛、易流失，氮素易挥发损失，同时含有较多的病原菌和寄生虫卵，若使用不当，容易传播病虫害。因此，合理施用粪尿肥的关键是科学存贮和适当的卫生处理。

1. 人粪尿

人粪尿的特点是氮素含量高，腐熟快，肥效显著，在有机肥料中素有"细肥"之称。人粪中的养分和有机质含量比人尿高，而且人粪中的氮素绝大部分是有机态的，而人尿中的氮素 $70\% \sim 80\%$ 以尿素的形态存在。因此，人粪需要分解后才能供作物吸收利用，而人尿易分解，肥效快，可以直接施用。人粪尿中磷、钾含量相对较低，但大多为无机态的，容易为作物吸收，有较好的肥效。

实践证明，人粪尿经腐熟后可提高肥效，并有利于卫生。贮存期间减少氮素损失是充分发挥人粪尿肥效的关键。一般而言，加盖密封是减少其氮素损失的主要措施。

目前农村中仍有晒粪干和草木灰与人粪尿混施等传统习惯，易引起氮素的大量损失，并污染空气。而草木灰中的碳酸钾是碱性物质，人粪尿与草木灰接触或混存，都会加速氨的挥发，增加氮损失。所以，应该改变晒粪干及草木灰与人粪尿混施的旧习惯，有效地利用好人粪尿这项重要有机肥源。

2. 家畜粪尿

家畜粪尿是指猪、牛、羊、马等饲养动物的排泄物，含有丰富的有机质和各种营养元素，是一种良好的有机肥料。家畜粪尿与各种垫圈物料混合堆沤后的肥料称之为厩肥（或圈肥）。厩肥是我国农村的主要有机肥源，占农村有机肥料总量的 63%～72%。其中，猪粪尿提供的养分最多，占家畜粪尿养分的 36% 左右，以下依次是牛粪尿（17%～20%）、羊粪尿（7%～9.5%）和马、驴、骡粪尿（5%～6%）。家畜粪尿的成分随家畜的种类、年龄、饲料和收集方法而有很大变化。表 4-11 是几种家畜粪尿及厩肥的一般养分含量。

表 4-11　几种家畜粪尿和厩肥的一般养分含量

畜禽粪便和厩肥	N/%	P_2O_5/%	K_2O/%
猪粪	0.56	0.40	0.44
猪尿	0.30	0.12	0.95
猪厩肥	0.45	0.19	0.60
牛粪	0.32	0.25	0.15
牛尿	0.50	0.03	0.65
牛厩肥	0.34	0.16	0.40
羊粪	0.65	0.50	0.25
羊尿	1.40	0.03	2.10
羊厩肥	0.83	0.23	0.67
马粪	0.55	0.30	0.24
马尿	1.20	0.01	1.50
马厩肥	0.58	0.28	0.53

3. 禽粪

家禽粪也是一种优质有机肥料，但产量远低于家畜粪尿，一般多作为厩肥的辅助材料。

（二）堆沤肥

堆肥和沤肥也是我国农村中重要的有机肥料。它们都是利用秸秆、杂草、绿肥、泥炭、垃圾和人畜粪尿等其他废弃物为原料混合后，按一定方式进行堆制或沤制的肥料。一般北方地区以堆肥为主。堆积过程中主要是好气微生物分解，发酵温度较高；南方地区则以沤肥为主，其沤制过程主要是嫌气微生物分解，常温下发酵。

堆肥按其所含的主要材料分，有泥土质堆肥，厩肥质堆肥、秸秆质堆肥等；按其堆积方式分，有普通堆肥和高温堆肥。

堆肥在堆制过程中一般要经过发热、高温、降温及腐熟保温等阶段。微生物的好气分解是堆肥腐熟的重要保证。因而凡是影响微生物活动的因素都会影响堆肥腐熟的效果。这些因素主要包括水分、空气、温度、堆肥材料以及酸碱度（pH）等，其中堆肥材料的 C/N 以及酸碱度（pH）等，其中堆肥材料的 C/N 是影响腐熟程度的关键。表 4-12 列出了堆肥腐熟所需的适宜条件。

表 4-12　堆肥腐熟的适宜环境条件

项目	适宜条件	项目	适宜条件
水分	65％～75％，预先吸足水分	酸碱度	pH6.4～8.1,最佳 7.5 左右
空气	通气良好	C/N	约 25∶1
温度	40％～60％，最高不超过 70℃		

沤肥材料与堆肥相似，所不同是沤肥加入过量水分，原料在淹水条件下发酵，故沤肥是嫌气性常温发酵。沤肥在我国南方地区较为普遍，以苏南地区的草塘泥和湖南农村凼肥最典型。有关堆沤肥的养分含量参见表 4-13。

表 4-13　一般堆沤肥的养分含量

堆沤肥	水分/％	有机质/％	N/％	P_2O_5/％	K_2O/％
一般堆肥	60～75	15～25	0.6～0.5	0.18～0.26	0.45～0.70
高温堆肥	—	23～42	1.1～2.0	0.30～0.82	0.47～2.53
草塘泥	—	6～13	0.21～0.4	0.13～0.26	—
凼肥	—	3～12	0.1～0.32	—	—

（三）作物秸秆

多数大田作物收获的果实或种子，大量秸秆成为重要的有机肥源。由于秸秆在提供作物养分，特别是磷、钾和微量元素，改善土壤理化性状和生物学性状中的重要作用，因此，秸秆在长期的农业生产中一直作为一种重要的有机肥源被广泛使用。一般而言，豆科作物秸秆含氮较多，禾本科作物秸秆含钾丰富（表 4-14）。

表 4-14　几种秸秆的养分含量

秸秆	有机质/%	N/%	P_2O_5/%	K_2O/%
小麦秆	81.1	0.48	0.22	0.63
水稻秆	78.6	0.63	0.11	0.85
玉米秆	80.5	0.75	0.40	0.90
棉秆	—	0.92	0.27	1.74
大豆秆	82.8	1.31	0.31	0.50

秸秆用作有机肥主要有三种方式还田，即堆沤还田、过腹还田（以牲畜粪尿形式）和直接还田。秸秆还田虽有很多优点，但若处理不当，也可能抑制作物的正常生长发育，甚至造成减产。因此，秸秆直接还田应注意下面几个问题：

（1）补施养分，如禾本科秸秆直接还田时，应补充适当氮肥，调节 C/N，避免微生物分解秸秆过程中与幼苗争夺速效氮素、影响幼苗生长。

（2）秸秆应切碎（10～15cm）后耕翻入土，并覆土保墒加速秸秆分解。

（3）秸秆还田量不宜过大，以 200～300 千克/亩为宜，最多不应超过 500 千克/亩，防止秸秆分解过程中产生的有机酸对根系的毒害。

（4）避免把病虫害严重的秸秆直接还田，而应烧灰或高温堆肥杀死病虫再还田。

秸秆制肥的方法介绍如下。

1. 秸秆氨化方法

（1）液氨氨化　将秸秆打捆（或不打捆）堆成垛，注入相当于秸秆干物质重量 3% 的液氨，再用塑料膜密封进行氨化。氨化时间长短取决于环境温度，通常夏季需 1 周，春秋季 2～4 周，冬季 4～8 周。

（2）用尿素氨化　建长、宽、高比为 4:3:2 的长方形的氨化池，将秸秆切碎，置于氨化池中，将相当于秸秆干物质重量 5％的尿素溶于水中，均匀喷洒到秸秆上，氨化池装满、踩实后用塑料覆盖即可。处理时间同液氨氨化时间一样。用尿素氨化，也可以采取将秸秆堆垛密封氨化，尿素来源方便，操作安全简单，适用范围广。

2. 秸秆青贮

秸秆青贮是将新鲜的秸秆粉碎后，在嫌气条件下，经过微生物发酵，成为一种青鲜多汁、含有乳酸香味的饲料。

3. 秸秆堆腐还田

作物收获后，将秸秆收集运出田间，在地头或村头，采取堆腐或沤制过程，加工成有机肥料，通过施肥措施，使秸秆还田。

（四）城市废弃物

人类城市生活和生产活动每天产生大量废弃物，其中有些废弃物含有较多有机物质，也是一类有机肥源。如生活垃圾、生活污水、人粪尿及污水处理厂或污灌区的污泥。利用这些废弃物作有机肥源，既是化废为利，又是城市排放废弃物的一条途径。随着市民生活水平的提高，废弃物排放量日益增多。

利用这些废弃物作有机肥，必须经过环境卫生与安全处理。生活垃圾必须经分拣、腐熟和粉碎，以去除金属、塑料与玻璃废品及病原菌；生活污水及粪便稀液，必须经沉淀、曝气加氧等处理，以去除毒物和病源。这些肥源只有符合国家规定的卫生标准和毒物含量标准（如重金属镉、汞等），并由农业部门规定具体的使用量和使用方法后，才能用于农田。生活垃圾，污水和污泥粪肥料养分含量不高，故使用量较大，常用作基肥。

（五）海肥

我国海岸线很长，沿海生物繁盛。海肥的种类繁多，一般分为动物性、植物性、矿物性三大类。其中动物性海肥种类最多、数量最大、使用最广、肥效最高。动物性海肥中又以虾类海肥为最。

鱼虾类海肥的养分含量如表 4-15。

表 4-15 鱼虾类海肥的养分含量（%）

种　类	有机质	氮(N)	磷(P₂O₅)	钾(K₂O)
鱼杂	69.84	7.36	5.34	0.52
鱼鳞	—	3.59	5.06	0.22
鱼肠	65.40	7.21	9.23	0.08
杂鱼	28.66	2.76	3.43	—
鲨鱼肉	—	4.20	0.56	0.27
鲨鱼骨	—	3.63	0.13	0.40
虾糠	46.34	3.85	2.43～3.34	0.64～1.14
虾皮		4.74～5.58	2.71～3.41	0.77～0.84
虾蛄	—	8.20	3.00	—
小虾酱	22.63	2.65	2.15	—

有机肥料的种类还有很多，如泥炭和腐殖酸类肥料、饼肥、沼气肥、动物废弃物肥料等。

第六节　绿　　肥

凡作为肥料的绿色植物均称绿肥，凡是栽培用做绿肥的作物称为绿肥作物。绿肥的栽培利用在我国有悠久的历史，随着农业生产的发展，绿肥已由原来大田轮作和直接肥田为主的栽培方式，逐步过渡到多途径发展的种植牧草。

一、绿肥的分类

1. 按植物学特征分类

（1）豆科绿肥作物　属于豆科作物，都有根瘤菌，能固定空气中的游离氮素。肥效较高，是栽培绿肥中的主要种类。如田菁、苜蓿、毛叶苕子等。

（2）非豆科绿肥作物　豆科以外的绿肥作物的总称。大多没有固氮能力，主要包括肥田萝卜、荞麦、青刈大麦、油菜及芝麻等。

2. 按栽培季节分类

（1）冬季绿肥作物　一般在冬秋季播种，作为次年春播或夏播作物的肥料，如毛叶苕子、油菜等。

（2）夏季绿肥作物　于春夏季播种，作为秋季作物的肥料，如河北、山东等地的夏播大豆、绿豆、田菁及水生绿肥。

3. 按栽培年限分类

可分为一年生绿肥作物、二年生或越年生绿肥作物、多年生绿肥作物。

4. 按种植条件分类

可分为旱生绿肥，如紫花苜蓿、苕子、草木樨、田菁等；水生绿肥，如水葫芦、绿萍等。

二、绿肥的作用

绿肥除了和其他有机肥料相同的作用外，如增加土壤有机质和养分，改良土壤结构等，还有特殊的作用。

1. 增加土壤氮素来源

绿肥作物含氮量较高，一般为 0.3%～0.7%，平均为 0.5%。豆科绿肥具有根瘤菌，能固定空气中的氮。植物吸收的氮约 2/3 是来自根瘤菌中的生物固氮。如果亩产 3000kg，绿肥翻压入土壤，可净增土壤 10kg 氮素，相当于 21.7kg 尿素。

2. 富集和转化土壤养分

绿肥作物根系发达，吸收难溶性矿质养分能力很强。而且，主根入土较深，可达 2～4m，能将一般作物不易吸收的养分转移集中到地上部分，待绿肥翻耕后，因而丰富了耕层土壤的养分。

3. 改良低产土壤

种植耐盐性强的绿肥，能使土壤脱盐。据山东省农业科学院土壤肥料研究所试验种植田菁后，由于茎叶覆盖抑制盐分上升，根系穿透较深，改善土壤结构促进土壤脱盐。雨后土壤脱盐率为 67.4%，而对照脱盐率为 39.7%，效果明显。一般土壤表层盐分可下降 50%～60%，促使作物产量迅速提高。酸性土壤种植绿肥，能增加土壤有机质，提高土壤肥力，降低土壤板结，提高土壤的缓冲作用，减少土壤酸度和活性铝的危害。据江西省红壤研究所试验，种植紫云英 3 年后土壤 pH 由 5.1 上升到 5.8。

4. 聚集流失养分，净化水质

通过"三水一绿"（水花生、水葫芦、水浮莲和绿萍）的种养吸收水中可溶性养分，把农田流失的肥料和城市污水进行收集，回归农田，提高养分利用率。水生绿肥还能减轻水质污染，吸收污水中十几种重金属和酚类有机化合物，使水质达到不同程度净化。

5. 绿肥作饲料促进农牧结合，发展加工业和药业

绿肥作物富含蛋白质、脂肪和多种维生素等，是畜禽的优良青饲料。绿肥既促进畜牧业的发展，又增加了优质的有机肥"过腹还田"，促进了农牧双丰收，同时发展绿肥还可带动医药工业的发展。如田菁所含胶质在开采石油、食品加工和医药上均有广泛用途，柽麻茎秆还可剥麻，箭舌豌豆种子加工制作粉条。发展养蜂业是致富的一条途径，而紫云英蜂蜜是众所周知的，它是营养丰富的保健品。

6. 减少水土流失、改善生态环境

绿肥根系发达，枝叶繁茂，覆盖度大，故对固砂、防止土壤冲刷、改善土壤通透性、增强蓄水保水、夏季降低土壤温度、冬季保温等都能起到良好的作用。

7. 种植绿肥植物能绿化环境，减少尘土飞扬，净化空气

我国西北荒漠地区沙尘暴频发，2002 年来势凶猛，大面积尘土飞扬，覆盖污染包括北京在内的广大地区。种植绿肥是防止沙荒、改善环境的主要措施之一，如种植沙打旺绿肥，是改良沙荒、植树造林的先锋作物，1 亩地绿肥植物每天能吸收 $24\sim60kg$ 的 CO_2，放出 $16\sim40kg$ 的氧气，还可减少或消除悬浮物，挥发酚和多种重金属的污染。

三、绿肥的种植方式

根据绿肥的生物学特性，可以采取多种种植方式。

1. 单种

在一块地上单一种植一种绿肥作物。单种常用于休闲地或荒山荒地。

2. 插种

插在作物换茬的短暂间隙中，种植短期速生绿肥作物，作下季作物的基肥。如麦收后插种柽麻，插种绿豆作晚稻基肥。

3. 间种

在主作物的行间，播种绿肥，以后多作为主作物的肥料，如棉花、果树、桑树行间，间种绿肥，能充分利用空间，多生产一季绿肥。

4. 套种

不改变主作物的种植方式，将绿肥套种在主作物的行株之间。套种可分两种。一种叫前套，先把绿肥作物种在预留的主作物的行间，以后用作主作物的追肥。如在预留的行间播种箭舌豌豆，以后再播种棉花；箭舌豌豆生长到要影响棉花时，就压青作追肥。第二种叫后套，在主作物生长的中、后期，在其行间套种绿肥。待主作物收获后，让绿肥作物继续生长，作下季主作物的肥料，如晚稻套种紫云英，棉花套种苕子等。

5. 混种

用不同绿肥种子，按一定比例混合或相间播在同一块田地里，以后都作绿肥用，如江西省采用紫云英、油菜、肥田萝卜、小麦等混种，利用作物间的相互作用。充分利用立体空间，一般比单种产量高。

四、常见的几种绿肥作物

1. 紫云英

紫云英（图 4-4）又称红花草、江西苕、小苕，原产中国，为一年生或越年生豆科植物。紫云英喜湿润、喜肥性强、耐旱、耐瘠、耐涝力较差。适宜的土壤 pH 在 5.5～7.5 之间，pH 低于 5 的土壤要施用石灰，才能正常生长。耐盐力差，土壤含盐量达 0.1% 时，虽可出苗，但不结瘤，不能越冬，土壤含盐超过 0.2% 时，则不能生长。

2. 苕子

苕子（图 4-5）为巢菜属多种苕子的总称，为一年生或越年生豆科草本植物。紫花苕子适应性广，除不耐湿外，其他抗逆性都强，主要有光叶紫花苕（简称光苕）和毛叶紫花苕。苕子耐酸、耐盐碱、耐旱、耐瘠性稍强于紫云英，耐湿性比紫云英弱。

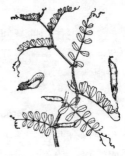

图 4-4　紫云英　　　　　图 4-5　苕子　　　　图 4-6　箭舌豌豆

3. 箭舌豌豆

箭舌豌豆（图 4-6）为一年生或越年生豆科作物。喜冷凉、干燥气候，耐寒、怕热，适应性广。在黏土、砂土，pH6.5～8 的土壤上均可种植，但以排水良好的土壤为宜。适宜间、套、混作。病虫害较轻，抗蚜虫能力特强。

4. 草木樨

草木樨（图 4-7）为豆科草本植物。有一年生或两年生以及黄花和白花草木樨之分。生活力很强，喜温暖，湿润或半干燥气候条件下生长，又具有抗逆性强，对环境条件适应性广的特性，适于南、北方种植。耐瘠薄，除重盐碱地和酸性土壤不适宜种植外，在其他低产瘠薄的土壤上均能生长，尤其在 pH 值 7.5～8.5 的石灰性黏质土壤上生长最好；耐旱、耐寒、耐盐碱性都强，土壤含盐量在 0.3％以下能正常生长，常用以改良盐碱土。此外，草木樨具有一定的耐阴性，可与其他作物间、套作。

5. 田菁

田菁（图 4-8）为豆科植物。喜温暖湿润气候，田菁耐涝能力强，从形成 3～4 片真叶开始，就可在淹水环境中生长。因此，田菁能间、套种于水稻田。田菁耐盐碱能力很强，在全盐量为 0.3％～0.5％的盐土或 pH 为 9.0 的碱土上均能生长。田菁还具有较强的耐旱、抗病虫害的能力，适应性强等特点。

6. 柽麻

柽麻（图 4-9）为豆科植物。苗期生长比较迅速，产草量高，是一种优良的速生绿肥品种，可在各种茬口上进行间、套、插种。

图 4-7 草木樨

图 4-8 田菁

图 4-9 柽麻

柽麻喜温暖湿润气候柽麻适应性强，能耐旱、耐瘠、耐酸和耐碱。

7. 黄花苜蓿

又名黄花草子，是多年生或越年生豆科草本绿肥植物。喜温暖湿润的气候，适宜种植于排水良好的沙性土壤，耐盐性强，是改良盐碱地的有效绿肥植物。

8. 沙打旺

多年生豆科植物，适应型强，耐贫瘠，抗旱，抗风，耐盐碱，但不耐涝。气温在 5～6℃ 时开始发芽生长，－30℃ 低温下可以越冬，是半干旱地区优良饲料兼用绿肥。

五、绿肥的合理利用

绿肥的利用方式一般有三种：直接翻耕、制堆沤肥和饲用。

1. 直接翻耕

绿肥直接翻耕以作基肥为主。间、套种的绿肥也可就地掩埋作为主作物的追肥。翻耕前最好将肥切短，稍加晾晒，这样有利于翻耕和促进其分解。早稻田最好用干耕，旱地翻耕要注意保墒、深埋、严埋，使土草紧密结合，以利绿肥分解。

2. 制堆沤肥

为了提高绿肥的肥效，或因贮存的需要，可把绿肥作堆沤肥材料。堆沤后绿肥肥效平稳，同时又能避免绿肥分解过程中产生有害物质的危害。

3. 作饲料用

绿肥也可先作饲料，然后利用家畜、家禽、家鱼的排泄物作肥料，这种绿肥"过腹还田"的利用方式，是提高绿肥经济效益的有效途径，绿肥牧草还可用于青饲料贮存或调制成干草、干草粉。

绿肥是速生型作物，它主要起加速土壤中养分的生物循环的作用。种植绿肥需占用有效栽培作物的季节和耕地，在时间上和空间上与栽培作物存在竞争。因此，随着人均耕地面积不断减少，在农业复种指数和集约化程度不断提高的条件下，栽培绿肥的面积呈日益减少的趋势。正确把握用地养地之间的矛盾，显然是今后发展绿肥的关键所在。

六、现代有机肥料发酵方法

1. 条垛式堆腐

将畜禽粪便收集起来，在原地进行堆肥处理，具体操作方法是：①先将畜禽粪与微生物发酵菌剂、发酵用的各种辅料混合均匀。物料应调节 C/N 为 25∶1 左右，水分在 55％左右；②在水泥地上或覆盖塑料膜的泥地上，将家畜粪便堆成长条状，高度不超过 1.5～2m，宽度控制在 1.5～3m，长度视场地大小和粪便多少而定；③先比较疏松地堆积一层，向堆中均匀埋入通气管道或用于通气的秸秆捆，这样层层堆积至 1.5～2m 为止。

本方法的优点是投资少，操作简单；缺点是占用场大，用工多，不能连续性生产，发酵时间长，对环境有一定的污染。

2. 棚式发酵

使用手推车或拖拉机把鲜鸡粪倒入发酵大棚，厚度 40cm 左右，拌上微生物发酵菌剂和各种发酵辅料，每天开动翻抛机一个来回，沿轨道连续翻动拌好菌剂的畜禽粪便，使其发酵、脱臭，生畜禽粪便从发酵车间一端进入，出来时变为发酵好的有机肥料，直接进入干燥设备脱水或经晾晒后，装袋销售。

优点是充分利用光能、发酵热，设备简单，运转成本低。本法和本设施的缺点：①是占用场大；②发酵完的有机肥料仍很湿，需经专门干燥设备干燥或晾晒后才能成为商品有机肥料；③棚内空气污浊、气温高，不利于工人操作。

3. 圆筒发酵

新鲜鸡粪拌入作物秸秆和微生物发酵菌剂，混合搅拌均匀，调节水分到 55% 左右，用料斗输送装入一台横放的大圆筒，筒为搅拌釜式结构，并充入 40～45℃ 热蒸气或热空气，物料在筒内经 8～10 小时发酵后，再加温到 80℃，持续 1 小时以上，以杀灭细菌和虫卵。该方法优点是占地少，机械化程度高，发酵与干燥一体化。缺点是需要一定的设备投资，发酵不充分，发酵干燥的成本高。

4. 塔式发酵

新鲜的禽粪便，接种微生物发酵菌剂和发酵所需的各种辅料，搅拌均匀后经皮带或料斗设备提升到一塔式多层的发酵仓内，在塔内经过翻板的翻动逐层下落和通风，快速发酵除臭、脱水，干燥形成商品有机肥料。该方法的优点是充分利用了发酵产生的生物热，发酵速度快，有利于干燥水分；机械化程度高，发酵条件容易控制；占地面积小。缺点是投资大，设备维修麻烦，能耗高。

七、农田有机肥料使用方法

1. 作基肥施用

（1）全层施用　在翻地时，将有机肥料撒到地表，随着翻地将肥料全面施入土壤表层，然后耕入土中。这种施肥方法简单、省力，肥料使用均匀。

该施肥方法适宜于：①种植密度较大的作物；②使用量大、养分含量低的粗有机肥料。

（2）集中施用　除了量大的粗杂有机肥料外，养分含量高的商品有机肥料一般采取在定植穴内施用或挖沟施用的方法，将其集中施在根系伸展部位，可充分发挥其肥效。集中施用，最好是根据有机肥料的质量情况和作物根系生长情况，采取离定植穴一定距离作为待效肥施用。在施用有机肥料的位置，通气性变好，根系伸展良好，还能使根系有效地吸收养分。

2. 有机肥料作追肥

有机肥料不仅是理想的基肥，腐熟好的有机肥料含有大量速效养分，也可作追肥施用。人粪尿有机肥料养分主要以速效养分为主，作追肥更适宜。

3. 育苗肥

现代农业生中许多作物栽培，均采用先在一定的条件下育苗，然后在本田定植的方法。育苗对需要养分量小，但养分不足不能形成壮苗，不利于移栽，也不利于以后作物生长。充分腐熟的有机肥料，养分释放均匀，养分全面，是育苗的理想肥料。一般以10%的发酵充分的发酵有机肥料加入一定量的草碳、蛭石或珍珠岩，用土混合均匀做育苗基质使用。

4. 有机肥料营养土

温室、塑料大棚等保护栽培中，多种植一些蔬菜、花卉和特种作物。这些作物经济效益相对较高，为了获得好的经济收入，应充分满足作物生长所需的各种条件，常使用无土栽培。

传统的无土栽培是以各种无机化肥配制成一定浓度的营养液，浇在营养土或营养钵等无土栽培基质上，以供作物吸收利用。营养土和营养钵，一般采用泥碳、蛭石、珍珠岩、细土为主要原料，再加入少量化肥配制而成。在基质中配上有机肥料，作为供应作物生长的营养物质，在作物的整个生长期中，隔一定时期往基质中加一次固态肥料，即可以保持养分的持续供应。用有机肥料的使用代替定期浇营养液，可减少基质栽培浇灌营养液的次数，降低生产成本。

营养土栽培的配方为：0.75方草碳、0.13方蛭石、0.12方珍珠岩、3.00kg石灰石、1.0kg过磷酸钙（20% P_2O_5）、1.5kg复混肥（15:15:15）、10.0kg腐熟的发酵有机肥料。

八、常见有机肥料资源养分

常见有机肥资源养分见本书附表部分。

第七节　新型肥料特性

一、缓/控释肥料

传统可溶性化学肥料的养分释放速率与植物吸收养分速率经常是不一致的，这导致了作物对肥料的不充分吸收，降低肥料的利用率，造成了资源浪费和环境污染。为了使肥料的养分释放速率与植物的养分吸收速率尽量吻合，早在20世纪初农业化学家就已经提出了缓释肥料的概念，但直到1955年，微溶性脲醛化合物（UF）商品化合成，缓释肥料才真正意义上用于农业生产。1961年美国研制出硫包膜尿素，经过近半个世纪的发展，缓/控释肥料已经多种多样。

（一）缓/控释肥料的概念

缓/控释肥料的定义与划分一直是一个具有争议的问题。由于人们对缓释和控释概念理解上的不同，以及所采用的评判方法的不同，也由于新型缓/控释肥料的陆续推出，不断冲击原有概念的原因，所以目前世界上关于缓/控释肥料还没有一个统一的标准。

国际肥料工业协会对缓释和控释肥料的定义为：①缓释和控释肥料是那些所含养分形式在施肥后能缓慢被作物吸收与利用的肥料；②所含养分比速效肥（如硝铵、尿素、氯化钾等）有更长肥效的肥料。通常认为缓释和控释之间没有法定的区别；美国植物食品管理署（AAPFCO）在它的官方用语和定义中，同时使用二者。不过该机构遵循惯例，将能被微生物分解的含氮化合物（如脲醛化合物等）称为缓释肥料，将包被或包囊的产品称为控释肥料。

欧洲标准委员会（CEN）对评判缓释肥料（TC 260/WG 4/TFsrf）的说明是，若养分释放在25℃时能满足下列三个条件，则该肥料可称为缓释肥料：①24小时释放量不大于15%；②28天释放量不超过75%；③在规定的时间内，至少有75%被释放。

我国最新的行业标准《缓释肥料》（GB/T 23348—2009）中对缓释肥料定义为：通过养分的化学复合或物理作用，使其对作物的有效态养分随着时间而缓慢释放的化学肥料。同时要求：①初期养分释放率≤15%；②28天累积养分释放率≤80%；③养分释放期的累积养分释放率≥80%。

这里需要明确的是：真正意义上的缓释应该是肥料成分中主要营养元素的缓释。至于控释，应该指的是根据作物生长发育的需要，适时地使肥料分子中的主要营养元素以有效态的形式释放出来供作物吸收和利用。例如，对于氮素，作物通常在营养生长旺盛期和生殖生长盛期有两个吸收高峰。所谓控释，就是要使施入土壤中的氮肥氮素能在这两个时期较大数量地释放。因此，在调节肥料氮在土中的释放速率时，既有延缓，也有加速。从这个意义上讲，现在称之为控释肥料的包被肥料或包囊肥料，并不是真正意义上的控释肥料；而真正意义上的控释肥料的研制，正是我们长期努力的方向。

（二）缓/控释肥料的种类及主要缓/控释肥料

1. 缓/控释肥料的分类种类

（1）按照缓释/控释化学机制划分　脲醛类；酰胺类；无机盐类。

（2）按照缓释/控释物理机制划分　硫包膜尿素；聚合物包膜肥料；包裹型肥料；涂层尿素。

（3）按照缓释/控释生物化学机制划分　添加脲酶抑制剂肥料；添加硝化抑制剂肥料；添加脲酶-硝化组合抑制剂肥料。

（4）按照缓释/控释生物化学-物理相结合机制划分　添加抑制剂与物理包膜结合控释肥料；添加抑制剂、促释剂及物理包膜相结合控释肥料。

2. 目前主要的缓/控释肥料

（1）脲甲醛　又称甲醛尿素，代号 UF。脲甲醛是缓释氮肥中开发最早且实际应用较多的品种，它是以尿素为基体加入一定量的甲醛经催化剂催化而合成的一系列直链化合物。商品脲甲醛是未反应的尿素和短链的亚甲基链的聚合物。含脲分子 2～6 个，为白色粉状或小颗粒状的固体，工业品为粉状、片状和粒状。无气味，不易吸湿，在普通条件下容易保存。脲甲醛溶解度与其分子长度有关，因此，缓/控释肥料中聚合物分子的链长，直接影响其溶解度和氮的释放速率。脲甲醛产品含氮 36%～38%，其中冷水不溶性氮占 28%，脲甲醛的产品质量可用氮素活度指数（AI）来表示。AI 值是衡量脲醛肥料在土壤中有效性的一个指标，其计算方法为：

$$AI = (CWIN - HWIN) \times 100\% / CWIN$$

式中，$CWIN$ 为肥料中冷水（25℃）不溶性氮（%）；$HWIN$ 为肥料中热水（98～100℃）不溶性氮（%）。

脲甲醛施入土壤中后，在适宜的条件下，主要靠微生物作物水解为甲醛和尿素，后者进一步分解为二氧化碳和氨供作物吸收，而

82

甲醛则留在土壤中，它在分解和挥发前，对作物和微生物有副作用。脲甲醛施入土壤后的矿化速率主要与 U/F（尿素与甲醛的摩尔比）、氮素活度指数、土壤温度及土壤 pH 值等因素有关。$U/F<1$ 时，脲甲醛在土壤中几乎不分解，即使转化，也只能形成脲醛树脂，失去肥料性质。U/F 在 $1.2\sim1.5$ 之间，脲甲醛在土壤中可以逐步矿化。U/F 在 $1.6\sim3.0$ 之间，脲甲醛在土壤中的矿化虽快，但过多的尿素投料，易使产品失去缓释特征，还会使产品吸潮、结块。土温低于 15℃ 时，矿化停止。土壤 pH 值为 5.7 时矿化速度比 pH 值为 7 时快。

脲甲醛常做基肥一次性施用，可以单独使用，也可以与其他肥料混合施用。以等氮量比较，对棉花、小麦、谷子、玉米等作物的当季肥效低于尿素、硫铵和硝铵。因此，将脲甲醛直接施于生长期较短的作物时，必须配合速效氮肥施用。

（2）草酰胺 又称草酸二酰胺、乙二酰二胺，代号 OA，以氰酸为原料在常压低温（$50\sim80\text{℃}$）下直接合成，呈白色粉末，含氮量 31.8%。在土壤中水解或生物分解过程中释放氮的形态可供作物吸收。土壤中微生物影响其水解速度；草酰胺的粒度对水解速度有明显影响，粒度越小，溶解越快。

（3）硫包膜尿素 代号 SCU，在尿素颗粒表面涂以硫磺，用石蜡做包衣。主要成分为尿素、硫磺、石蜡和杀菌剂等。杀菌剂的作用在于防止包膜物质过快地被微生物分解而降低包膜缓控释作用。用硫磺作包膜材料，不仅控制了养分的释放，而且为植物提供了必要的硫素营养。硫包膜尿素颗粒直径范围为 $1\sim5\text{mm}$，硫包衣壳厚度范围为 $30\sim300\mu m$，密封层厚度范围为 $20\sim150\mu m$。其含氮量为 34% 左右。

硫包膜尿素施入土壤后，在微生物作用下，使包膜中的硫逐步氧化，颗粒分解而释放氮素。硫被氧化后，产生硫酸，从而导致土壤酸化。水稻田不宜大量施用硫包膜尿素，适于在缺硫土壤上施用。

（4）涂层尿素 是尿素在造粒过程中，用输液泵将涂层液由下向上喷成雾化状态，与造粒塔内落下的尿素颗粒逆流接触，使涂层液均匀地分布于尿素颗粒的外表面，并快速部分渗入尿素颗粒内部，借助反应余热完成整个涂层，从而在肥料颗粒表面涂覆一层改善肥料物理性质和肥料功效的物质。

涂层尿素肥料呈小圆粒状，与普通尿素相比，具有氮素释放平缓、肥效稳长、氮素利用率高等特点。其适应性广，凡适于施用普通尿素的地区都适于施用涂层尿素。它对水稻、小麦、玉米、花生及蔬菜作物均有明显的增产效果。

（5）添加硝化抑制剂的肥料　硝化抑制剂的基本作用是使铵化作用产生的 NH_4^+ 或者铵态氮肥的 NH_4^+ 延缓进行硝化作用（生成 NO_3-N），这样就使氮肥以 NH_4^+-N 的形态在土壤中存留较长的时间。由于 NH_4^+-N 可被土壤黏粒吸附，减少了淋失的可能性。同时，也可使通过反硝化作用导致的氮素损失减少。

土壤中天然存在的硝化抑制物质主要来自根系的分泌物和有机质的分解，而人工硝化抑制剂中，最主要的是 2-氯-6-三氯甲基吡啶和双氰胺（DCD）。

DCD 是氰氨的二聚物，它主要抑制硝化作用的第一步，即：

$$2NH_4^+ + 3O_2 \xrightarrow{\text{亚硝酸细菌}} 2NO_2^- + 2H_2O + 4H^+ \quad (DCD)$$

DCD 主要抑制亚硝酸细菌的活动，双氰胺的抑制效果决定于DCD 的用量、温度。在 12℃ 时，12 周后全部分解，而在 4℃ 时，17 周后仍有 12％ 残留。中国科学院沈阳应用生态研究所研制的"长效碳铵"，将 DCD 加入厩肥中也表现了良好的效果。其主要工艺是在碳铵生产过程中将硝化抑制剂——双氰胺加入碳化系统中。它的肥效比普通碳铵长，通常一次施肥不再追肥，也可以和除草剂配合施用。

（6）纳米肥料　用纳米材料（$1nm = 10^{-9}m$）对常规肥料包膜生产的优于传统包膜材料的优质缓/控释肥料。这是中国农科院原土肥所张夫道主持完成的。这种肥料具有胶结和缓释性能的系列水溶性纳米级包膜胶结剂，并利用这种系列胶结剂生产了掺混胶结包膜型缓/控释作物专用肥，肥料中养分的释放速率与作物生长发育期的需肥规律基本吻合。

施用方法：结合整地播种作基肥一次施用，肥效期可达数月。与施用的等量氮、磷、钾相比，增产率提高 7％～40％，氮的利用

84

率提高 13％～20％，茄果类蔬菜的果型、品质、口感有明显改善，土壤中硝酸盐含量明显降低。

（三）缓释肥料的特点及展望

（1）在水中溶解度小，营养元素在土壤中释放缓慢，减少了营养元素的损失；

（2）肥效长期、稳定，能源源不断的供给植物在整个生长期对养分的需求；

（3）具有低盐指数，一次大量施用不会"烧苗"；

（4）减少了施肥的数量和次数，节约成本；

（5）适合不同类型的土壤和植物，有效防止土壤板结；

（6）有效提高肥料利用率，减少肥料对环境的污染，有助于农产品安全生产。

我国缓/控释肥料的研究已经取得了一定的成果，但同欧美发达国家相比，差距较大。为了促进缓控释肥的发展，并逐步应用于农业生产，国家对缓控释肥的研制、开发、生产等方面给予足够的重视，已有多所大学和科研院所正在进行缓控释肥方面的研究，从改进生产工艺技术着手，注意降低生产成本和选用价格低廉的材料；对养分释放动力学及其影响因素、水分控制及肥料用量上开展了进一步的研究工作，建立养分释放量预测的数学模型，完善养分释放特性的测试方法，为改善工艺生产技术和科学施用提供决策依据。有关部门应结合起来大力宣传缓控释肥的综合效益，让农民不但从经济上考虑，还要从社会、环境等方面考虑，使农民正确认识缓控释肥，正确评价缓控释肥。发展缓控释肥是现代农业科学施肥的必然趋势，它的研究、生产和施用前景是广阔的。

二、微生物肥料

微生物肥料又称为细菌肥料、生物肥料或接种剂等，是一类以大量活的微生物菌体为主的、一定的代谢产物和丰富的培养基质混合而成的、在农业生产中能够体现出肥料效应的特定制品。

（一）微生物肥料的种类

微生物肥料的种类较多。依据不同的标准有不同的划分方法。根据微生物肥料制品中微生物的种类可分为细菌肥料、真菌肥料、放线菌肥料等根据其作用原理可分为根瘤菌肥料、固氮菌肥料、解钾菌肥料、解磷菌肥料等依据制品中含有成分的复杂程度可分为单一微生物肥料和复合微生物肥料等一。目前国内外市场上出现的品种主要有以下几类：

（1）能将空气中的惰性氮素转化为作物可直接吸收的离子态氮素，属于这一类的有根瘤菌肥料、固氮菌肥料、固氮蓝细菌肥料等；

（2）能分解土壤中的有机质，释放出其中的营养物质供植物吸收的微生物制品；

（3）能分解土壤中难溶性的矿物，并把它们转化成易溶性的矿质化合物，从而帮助植物吸收各种矿质元素的微生物制品，其中主要的是硅酸盐细菌肥料和磷细菌肥料；

（4）对某些植物的病原菌具有拮抗作用，能防治植物病害，从而促进植物生长发育的微生物制品，如某些芽孢杆菌制剂和抗生菌肥料等；

（5）菌根菌肥料，使用的菌种主要是内囊菌科的一些种类形成的丛枝状菌根，简称 AM 真菌，还有部分担子菌和少数子囊菌形成的外生菌根；

（6）复合生物肥料。①微生物-微量元素复合肥料，微量元素在植物体内是酶或辅酶的组成成分，对营养的吸收和利用起着重要的促进和调节作用；②联合固氮菌复合肥料，国内科学家从小麦、水稻、玉米等禾本科植物的根系中分离出联合固氮细菌并制成了微生物肥料，这种肥料具有固氮、解磷、激活土壤微生物和在代谢过程中分泌植物激素等作用，可促进作物生长发育，提高作物单位面积产量；③固氮菌、根瘤菌、磷细菌和钾细菌复合生物肥料，这种微生物肥料可以供给作物一定量的氮、磷、钾元素，选用不同的固氮菌、根瘤菌、磷细菌和钾细菌分别进行发酵培养，达到所要求的活菌数后，再按一定的比例混合，制成菌剂，其效果优于单菌株接种；④有机-无机生物复合肥料，长期大量使用化肥致使土壤板结，作物品质下降，口感不好，尤其是影响人、畜的健康，因此，有机-无机生物复合肥料已成为人们关注的一种新型肥料；⑤多菌株、多营养生物复合肥料，这种生物肥料是利用多种生理生化习性相关的菌株共同发酵制造的一种无毒、无环境污染、可改良土壤的水溶性肥料，由于它是微生物发酵分解制造的生物肥，因此适用于各种农作物，可以改善作物品质、缩短生长周期、提高作物产量，使用时易于保管、运输和储藏。

（二）微生物肥料的功能

1. 活化并促进植物对营养元素的吸收

根瘤菌类、自生和联合固氮菌类微生物肥料可以固定空气中的氮素，增加植物的氮素营养。磷细菌肥料可以溶解土壤中难溶性磷酸盐，其解磷机理主要是：①产生各类有机酸（如乳酸、柠檬酸、草酸、甲酸、乙酸、丙酸、琥珀酸、酒石酸、α2 羟基酸、葡萄糖酸等）和无机酸（如硝酸、亚硝酸、硫酸、碳酸等），降低环境中 pH 值，使难溶性磷酸盐降解为有效磷，或认为有机酸可螯合闭蓄态 Fe-P，Al-P，Ca-P，使之释放有机磷；②产生胞外磷酸酶，催化磷酸酯或磷酸酐等有机磷水解为有效磷。磷酸酶是诱导物，微生物和植物根对磷酸酶的分泌与正磷酸盐的缺乏程度是正相关的，缺磷时，其活性成倍增长。硅酸盐细菌类肥料能对土壤中云母、长石、磷灰石等含钾、磷的矿物进行分解，使难溶钾转化为有效钾，正由于这种"解钾"作用，这类细菌也俗称"钾细菌"。有作者认为，其解钾作用与细菌胞外多糖的形成和低分子量酸性代谢物（如柠檬酸、乳酸等）有关；盛下放对硅酸盐细菌菌株 NBT 的解钾作用研究表明：这株硅酸盐细菌 NBT 能够破坏钾长石的晶格结构并释放其中的钾素供水稻生长之用。目前，许多研究报道了 VA 菌根真菌肥料能增加宿主对 Zn、Cu、Ca、Mg、Mn 和 Fe 的吸收。有研究表明，某些微生物肥料可活化并促使矿物释放 Fe、Mg 等元素。氧化酶细菌使单质硫氧化，土壤 pH 值降低，促进了欧洲油菜（*Brassica napus*）对 Fe、S 和 Mn 元素的吸收。

2. 产生多种生理活性物质刺激调节植物生长

目前，有关微生物肥料促进植物生长的机理研究表明，活的微生物活动产生的植物激素、酸性物质以及维生素都能不同程度地刺激调节植物的生长。80％的根际细菌能产生吲哚-3-乙酸（Indole-3-Ace-tic Acid，简称 IAA），其中主要有固氮螺菌、假单胞菌、黄单胞菌、粪产碱杆菌以及根瘤菌等。微生物肥料产生 IAA 提供给植物有 3 种方式：一是 IAA 基因直接整合到植物细胞染色体上，在植物细胞的调控下合成 IAA，如土壤杆菌；二是细菌侵入植物细胞，在细胞内分泌 IAA 供植物生长；三是细菌也能在宿主植物的根际生活，合成 IAA 供植物利用。荧光假单胞菌在纯培养条件下产生不同类型的 CTK，能促进胡萝卜的生长。仅有极少的报道认为，某些细菌肥料能产生 GA。大多数微生物产生乙烯，但各种微生物中乙烯的合成代谢复杂多样。目前的研究表明，乙烯的合成前体可以是糖代谢 TCA 中的有机酸；可以是氮代谢中的氨基酸，如丙氨酸、甲硫氨酸，也可以是脂肪代谢中的亚麻酸。各种微生物肥料通过自身 TCA 产生的许多有机酸除了有螯合作用和酸溶作用外，其本身就是一种生理活性物质，可促进作物生长。

3. 产生抑病作用间接促进植物生长

微生物肥料（包括 PGPR 制剂）能产生铁载体、抗生素、系统防卫酶和氰化物（HCN）等多种物质抑制细菌或真菌性病害，有的也能诱导系统抗性（induced systemic resistance，ISR）间接达到促进植物生长的作用。1980 年，有人首次推测并证实，荧光假单胞菌 BIO 产生的铁载体与抑病促生作用有关，而在高铁浓度下，其抑病作用将丧失。已报道且被分离出的植物根际促生菌产生的抗生素有 20 种左右，很多抗生素基因已被克隆或用于转基因菌株获得抑病作用。一些植物促生细菌能产生几丁质酶和 β-1,3-葡聚糖酶，可水解几丁质和 β-1,3-葡聚糖为主要成分的病原真菌细胞壁。有的能产生卵磷脂酶 C，其与纤维素酶作用于植物细胞膜，影响其通透性等生理活性，强化了其他抑病作用。同时，此酶可增强一些微量肽和含氮杂环抑菌物质的抑病作用。根际促生细菌产生的 HCN 被认为有抑病作用，其抑病机理可能是：①直接拮抗根部病原菌而不损害植物（如烟草）；②可诱发植物抗性机制。诱导抗性是植物被环境中的非生物或生物因子激活产生的系统抗性，包括病原体激发产生的系统获得的抗性（SAR）。

4. 提高植物抗逆性

有些微生物肥料的特殊微生物可提高宿主的抗旱性、抗盐碱性、抗极端温度、湿度和 pH 值、抗重金属毒害等能力，提高宿主植物的逆境生存能力。如 VA 菌根真菌肥料有一定抗旱能力。有研究表明，经高温蒸汽灭菌的土壤中 Mn 的含量提高了 15 倍，对植物生长有毒害，接种 VA 菌种后，可提高植物对 Mn 的抗性。

（三）微生物肥料的使用方法

微生物肥料的种类不同，用法也不同。

1. 液体菌剂的使用方法

（1）种子上的使用　①拌种：播种前将种子浸入 10～20 倍菌剂稀释液或用稀释液喷湿，使种子与液态生物菌剂充分接触后再播种。②浸种：菌剂加适量水浸泡种子，捞出晾干，种子露白时播种。

（2）幼苗上的使用　①蘸根：液态菌剂稀释 10～20 倍，幼苗移栽前把根部浸入液体沾湿后立即取出即可。②喷根：当幼苗很多时，可将 10～20 倍稀释液放入喷筒中喷湿根部即可。

（3）生长期的使用　①喷施：在作物生长期内可以进行叶面追肥，把液态菌剂按要求的倍数稀释后，选择阴天无雨的日子或晴天下午以后，均匀喷施在叶子的背面和正面。②灌根：按 1：（40～100）的比例搅匀后按种植行灌根或灌溉果树根部周围。

2. 固体菌剂的使用方法

（1）种子上的使用　①拌种：播种前将种子用清水或小米汤喷湿，拌入固态菌剂充分混匀，使所有种子外覆有一层固态生物肥料时便可播种。②浸种：将固态菌剂浸泡 1～2 小时后，用浸出液浸种。

（2）幼苗上的使用　将固态菌剂稀释 10～20 倍，幼苗移栽前把根部浸入稀释液中蘸湿后立即取出即可。

（3）拌肥　每 1000g 固态菌剂与 40～60kg 充分腐熟的有机肥混合均匀后使用，可做基肥、追肥和育苗肥用。

（4）拌土　可在作物育苗时，掺入营养土中充分混匀营养钵；也可在果树等苗木移栽前，混入稀泥浆中蘸根。

3. 生物有机肥的施用

（1）作基肥。大田作物每亩施用 40～120kg，在春、秋整地时和农家肥一起施入；经济作物和设施栽培作物根据当地种植习惯可酌情增加用量。

（2）作追肥。与化肥相比，生物有机肥的营养全、肥效长，但生物有机肥的肥效比化肥要慢一点。因此，使用生物有机肥做追肥时应比化肥提前 7～10 天，用量可按化肥做追肥的等值投入。

（四）购买和使用微生物肥料时应注意的几个问题

使用微生物肥料符合生产安全、无公害农产品的肥料原则要求，已被绿色食品发展中心列入生产绿色食品允许使用的肥料。但微生物肥料对许多生产者来说还是一个新生事物，要在推广微生物肥料的过程中详细说明使用时的注意事项。

1. 选购时要看证

要想选择质量有保证的微生物肥料，首先要看有没有农业部颁发的生产许可证或临时生产许可证。各省没有资格颁发微生物肥料的生产许可证或临时生产许可证。

2. 选择合格产品

国家规定微生物肥料菌剂有效活菌数$\geq 2 \times 10^8$ 个/克，大肥有效活菌数$\geq 2 \times 10^7$ 个/克，为了使生物肥在有效期末期仍然符合这一要求，一般生产厂商在出厂时应该有 40% 的富余。如果达不到这一标准，说明质量达不到要求。

3. 注意产品的有效期

微生物肥料的核心在于其中的活的微生物，产品中有效微生物数量是随保存时间的增加逐步减少的，若数量过少则会起不到应有的作用。因此，要选用有效期内的产品，最好用当年生产的产品，坚决不购买使用超过保存期的产品。

4. 注意存放和运输过程中的条件

避免阳光直晒，防止紫外线杀死肥料中的微生物；应尽量避免淋雨，存放则要在干燥通风的地方；产品贮存环境温度应避免长期在 35℃ 以上和 -5℃ 以下低温。

5. 禁止与杀菌剂或种衣剂混放混用

对于种子的杀菌消毒，应在播种前进行，最好不用带种衣剂的种子播种。

6. 通过合理农业技术措施，改善土壤温度、湿度和酸碱度等环境条件，保持土壤良好的通气状态（即耕作层要求疏松、湿润），保证土壤中能源物质和营养供应充足，促使有益微生物的大量繁殖和旺盛代谢，从而发挥其良好增产增效的肥力作用。一般来说，有水灌溉的耕地比干旱地的效果好；有机质丰富、地力肥沃的土壤要比贫瘠的土壤效果好；松散透气、团粒结构好的土壤比板结的土壤效果好；温暖季节施用要比严寒低温施用效果好；与有机肥混合施用比不加有机肥效果好；集中施用（穴施或沟施）、近根施用比撒施效果好；单独施用比与氨态化肥、杀菌农药合用效果好；在作物生长过程中早施比晚施效果好。

三、叶面肥

叶面肥是将含有植物营养元素的液体与一定量的表面活性剂或雾化剂配制成的一种适合叶面施用的新型液体肥料。

（一）叶面肥的种类

叶面肥的种类多样，根据不同的分类标准可划分为不同的类别。

1. 按照植物叶面对养分吸收的特点划分

水剂型叶面肥、乳剂型叶面肥、粉剂型叶面肥、油剂型叶面肥等。其中，水剂是最普遍使用的一种类型；乳剂有利于养分同叶面的亲和从而有利于养分的叶面吸收，所以其效果要比水剂的效果更好些；而油剂是一种羊毛制剂，由于其可局限于施用的地方，不易流失，因而是研究试验时常用的一种剂型。

2. 按叶面肥料中主要的营养元素划分

（1）以大量元素为主的叶面肥料；

（2）以微量元素为主的叶面肥料；

（3）含植物生长调节剂的叶面肥料；

（4）含氨基酸的叶面肥料；

（5）含黄腐酸的叶面肥料。

3. 按叶面肥主要成分和功能划分

（1）营养型　以大量元素和微量元素为主，有的为无机肥料的简单掺和，有的为高浓度的螯合态。微量元素有锌、铁、锰、铜、铝、硼等，多为水溶性的硫酸盐。该类叶面肥能及时补充根部施肥的不足，防治缺素症，在作物的临界期和最大效率期喷施效果更好。可使作物增产增质的营养素一般均属于此类。

（2）专用型　植物生长调节型为植物生长调节剂与肥料的混合制剂。植物生长调节剂，是人工合成的一些与天然植物激素有机分子结构和生理效应的有机物质，有调节作物的生长发育、促进生长生殖、提高产量、改进品质的作用。目前生产中应用的植物生长调节剂，主要是植物生长素、赤霉素、细胞分裂素、乙烯利、脱落酸、脱叶剂和三十烷醇等九大类。

（3）多功能型　此类叶面肥料所加的成分较为复杂，品种多，兼有调节作物生长、防虫、治病、除草等功效，目前市场上占有较大的份额。凡是植物生长发育所需的营养物质均可加入，或根据某种作物生长发育特点的需要，再根据土壤所缺营养成分，按比例加入各种营养，既有调节物质，又有各种营养成分。多功能型叶面肥料的类型区分和选择对于市场销售和生产实践有重要的意义。不同类型的叶面肥决定了不同的原料和成本，而农户可根据使用的方便与否和价格来选择适宜的肥料品种。通常来讲，叶面肥料的类型及肥料的浓度、溶解性是生产者和研究者要重点考虑的两个指标。有关叶面肥的国家标准见表4-16。

表 4-16　叶面肥的国家标准 (GB/T 17420—1998)

项　　目	指　　标	
	固体	液体
微量元素(Fe、Mn、Cu、Zn、Mo、B)总量(以元素计)/%	≥10.0	
水分(H_2O)/%	≤5.0	—
水不溶物/%	≤5.0	
pH 值(固体 1＋250 水溶液，液体为原液)	5.0~8.0	≥3.0
有害元素		
砷(As,以元素计)/%	≤0.002	
镉(Cd,以元素计)/%	≤0.002	
铅(Pb,以元素计)/%	≤0.01	

（二）叶面肥的特点

1. 养分吸收比土壤施肥快

叶面肥施于叶上，通过筛管、导管或胞间连丝进行转运，距离近，见效快，养分吸收快，肥效好。不需要经过根系吸收、茎秆运输等漫长的运输过程，所以一般叶面肥比根系施肥见效快。如喷施尿素 1~2 天即能产生效果，而在土壤中施用尿素需要 4~6 天才能看到效果。据试验，喷施2％浓度的过磷酸钙浸提液，经过5分钟后便可运转到植株各个部位，而土壤施过磷酸钙，15天后才能达到此效果。

2. 利用率高

叶面肥减少了土壤对养分的固定作用及反硝化、淋失等作用导致养分数量损失和有效性降低，从而提高了肥料的利用率。

3. 针对性强

可以根据作物叶片缺素特征，及时喷施补充缺少的元素而改善症状。可在作物生长的不同生育阶段，尤其是生长旺盛，但根系吸收活力开始下降的后期进行，可在不同的植株密度和高度下喷施。

4. 补充根部对养分吸收的不足

在植物苗期，一般根系不发达，吸收能力弱，容易出现黄苗、弱苗现象。植物生长后期，由于根功能衰退，吸收养分能力差，通过叶面施肥可以起到壮苗、减少秕粒和增加产量的作用。

5. 是经济有效施用微量元素肥料的一种方式

微量元素需要量少，向土壤施用不易做到均匀，并且在土壤中易被固定，叶面施用可避免这两个缺点。

6. 用量少

叶面施肥与土壤施肥相比，叶面施肥的肥料用量仅为土壤施肥的$1/10 \sim 1/5$。

7. 喷施方法简单易行、经济效益显著

根据不同土类，不同作物，不同生长发育阶段及不同气候条件作物需肥规律和需肥特点，合理施用叶面肥。严格按照产品使用说明，操作规程进行。喷施浓度适中，方法得当，一般于晴天午后时均匀喷施于叶片背面。

叶面肥尽管有以上诸多优点，但是农作物施肥主要靠土壤施肥，尤其对大量元素氮、磷、钾来说，更应以土壤施肥为主，据测定，要多次叶面施肥才能达到吸收养分的总量。由此可见，必须在施根肥的基础上，配合施叶面肥，才能充分发挥叶面肥的增产增质作用。

（三）叶面肥喷施的最佳条件

（1）土壤有效性养分低时，如在石灰性土壤中铁的有效性低，土壤铁肥的效果往往不佳，叶面喷施的效果较好；钼肥在酸性土壤直接施用可能被大量固定而降低其有效性，而叶面喷施常常具有良好的效果。

（2）当土壤水分含量少时，由于水分胁迫影响到养分的有效性及根系对养分的吸收，喷施肥料可以取得良好的效果。

（3）在寒冷地区的早播作物上，由于气温较低、土壤矿化作用弱、根系的活力降低而吸收养分困难时，叶面施肥的效果较好。

（4）禾谷类作物的生长后期叶面喷施氮肥，不仅可以延缓根系活力的降低，而且可以有效地改善产品质量。

（四）叶面肥喷施的技术原则

为了增强叶面肥的作用效果，喷施叶面肥时应注意以下几个方面：

（1）选择适当的喷施浓度　叶面肥的喷施浓度，以既不伤害作物的叶面，又要节省肥料，提高功效为目的。

（2）选择适当的喷施时间　通常溶液湿润叶面时间要求能维持0.5～1小时，一般以傍晚无风时进行喷施为宜。

（3）选择适当的喷施时期　喷施时期要根据各种作物的不同生长发育阶段对营养元素的需求情况，选择作物营养元素需要量最多也最迫切时进行。

（4）选择适当的喷施方法　配制溶液要均匀，喷洒雾点要匀细，喷施次数视需要而定。

（5）选择适当的喷施部位　植株的上、中、下部的叶片、茎秆由于新陈代谢活力不同，对外界吸收营养物质的能力强弱差异较大，要选择适当的喷施部位。

（6）增添助剂　为提高肥效，也可在喷洒溶液中加入少量湿润剂，可用中性肥皂或表面活性剂，浓度为0.1%～0.2%，

（五）施用技术

以氨基酸类液体肥料为例。氨基酸类液体肥料是将蛋白质用盐酸或硫酸进行水解，得到氨基酸水溶液，经中和、过滤、酸溶、添加养分、调酸等步骤而制成的，这种叶面肥多数为水剂型，少数为粉剂型，呈棕色或棕黑色液体，pH值为3.5～4.5，无毒、无臭、易溶于水。

94

1. 特点

氨基酸类肥料的共同特点是含有多种氨基酸的有机养分，极易被作物吸收，并能增强其抗病能力和防止病虫害，增强作物的抗旱、抗寒能力。一般在喷施后 7 天左右见效，增产效果达 10％左右，这类肥料对作物安全、可靠、无毒、无污染。

2. 施用技术

主要用于作物叶面施肥和种肥使用。使用于多种作物，如水稻、棉花、大麦、小麦、玉米、瓜果、蔬菜等。喷施时期多数在苗期、花蕾期和生长后期。

① 浸种：用水稀释 100 倍，浸种 8～9 小时，沥水晾干后即可以播种。

② 喷施：按不同作物、不同生长期，以水稀释 80～150 倍，喷于作物的叶面。在作物的幼苗期稀释 150 倍，随生育期的延续可以降低稀释倍数。一般 10～15 天喷施一次，在整个作物生长期内喷施 3～5 次为宜，小麦、水稻可以在分蘖期、幼穗分化期、灌浆期喷施；玉米、高粱等在生长期、抽穗期 20％、灌浆期各喷施一次；棉花在长出三片叶、十片叶、初花期喷施。对瓜果类、茄果类蔬菜，喷施氨基酸肥料的增产效果高于粮食作物。果树在生长期喷数次，开花前后各喷施一次，结果至成熟期 10～15 天喷施一次，有较好的增产效果。喷施的浓度宜淡勿浓。一般在喷施后 20 小时内可以被完全吸收，持续效果可长达 10～15 天。喷施后 6 小时内有雨应及时补喷，一般花期不宜喷施。

氨基酸类肥料可以与酸性、中性化肥及农药等混合使用。在存放过程中出现沉淀时，使用前可以摇匀溶解，不影响其使用效果。

四、二氧化碳肥料

蔬菜作物除了对氮、磷、钾以及其他微量元素和水分有需求之外，CO_2 也是不可缺少的主要基础原料。空气中 CO_2 的含量一般在 0.03％左右，因此，蔬菜生产中的 CO_2 缺乏常常被忽视，在棚室内进行蔬菜生产这种特殊的生产方式，以及在特殊的季节里，CO_2 的补充是十分必要的。

（一）补充 CO_2 的原因

在寒冷的冬季，棚室蔬菜生产时，为了保温的需要，常使大棚处于密闭状态下，造成棚内空气与外界空气相对阻隔，得不到及时的补充。日出后，随着蔬菜光合作用的加速，棚内 CO_2 浓度急剧下降，有时会降至 CO_2 补偿点以下，蔬菜作物几乎不能进行正常的光合作用，影响了蔬菜的生长发育，造成病害和减产。在此情况下，采用人工方法适量补充 CO_2 是一项必要的措施。

（二）补充 CO_2 的措施

1. 燃烧法

通过在棚室内燃烧煤、油等可燃物，利用燃烧时产生的 CO_2 作为补充源。使用煤作为可燃物时，一定要选择含硫少的煤种，避免燃烧时产生的其他有害物对蔬菜的影响。

2. 化学法

利用浓硫酸（使用时需要稀释）和碳酸氢氨混合后化学反应释放的大量 CO_2 进行补充。

3. 微生物法

增施稻麦秸秆、有机肥，在微生物的作用下缓慢释放 CO_2 作为补充。

4. 施用 CO_2 颗粒气肥

只需在大棚中穴播，深度 3cm 左右，每次 $150kg/hm^2$，一次有效期长达 1 个月，一茬蔬菜一般使用 2～3 次，省工省力，效果较好，是一种较有推广和使用价值的 CO_2 施肥新技术。

（三）施用效果

1. 有利于培养壮苗

增施 CO_2 后增强作物的光合作用，促进幼苗叶片叶绿素含量的提高，使叶片增厚浓绿。

2. 坐果多，果实膨大早

3. 增加产量，改善品质

在适宜的条件下，增施 CO_2 气肥可显著提高作物产量并改善蔬菜的品质，提高商品率。试验表明，温室生产黄瓜、番茄等蔬菜或甜瓜、西瓜等瓜果，当 CO_2 浓度适合时，其增产可达到最高点，在番茄上表现为促进番茄单果质量的提高和收获果数的增加。

4. 提高作物抗病能力

蔬菜增施 CO_2 后，植株健壮，地上部分与地下部分生长平衡，吸收能力强，营养供应平衡，抗病力大为增强，从而相应降低了温室病害的发病率和危害程度。如番茄的蕨叶型病毒发病率降低32%，病情指数降低50%，对黄瓜霜霉病防效提高20%。

（四） CO_2 施用时期及时间

一般作物在生育初期施用 CO_2 的效果好，蔬菜幼苗期施用 CO_2，可以加速秧苗发育，使幼苗根系发达，壮苗率增加。试验表明，番茄苗期施用 CO_2 肥后，对其花芽分化、提早开花以及增加单株结果数等都有良好的影响。从经济效益角度来讲，宜在作物进入光合作用盛期，CO_2 吸收量急剧增加时开始施用为佳。具体施用时期应根据作物种类、栽培方式、作物长势和环境条件而定。一般叶菜、根菜类在前期施用较好；对于果菜类，如黄瓜、番茄等，可在雌花着生、开花或结果初期开始施用，而在开花坐果前不宜施用，以免营养生长过旺造成落花落果。冬季光照较弱、作物长势较差、CO_2 浓度又较低时，可提早施用。

考虑到棚室内一天中 CO_2 浓度的变化情况，CO_2 施用的开始时间一般为晴天日出后半小时，停止施用时间为放风前半小时。每天有 2~3 小时的施用时间，就不会使植株出现 CO_2 饥饿状态，不同季节间光照时数和最高光强出现的时间不一致，从获得最佳经济效益的角度来讲，CO_2 施用的具体时间为12月到1月的9~11时，2月到3月的8~10时，4月到5月和11月的7~9时。中午日照充分时 CO_2 亏缺最为严重，但此时施用 CO_2 往往又和通风降温发生矛盾，Enoch（1984）提出 CO_2 间歇增施技术，具体做法是：在需要通风降温时，反复使用短暂的急骤通风，每次不超过5分钟，随之以一段较长时间的密闭增施 CO_2，如此反复循环。午后施用 CO_2 虽然可以促进茎叶繁茂，但由于光合作用较弱，可以不施。另外，阴天，雨、雪天，或者气温较低时，也不需要施用。

（五） CO_2 施肥注意事项

1. 温度偏低时不得施用 CO_2

温度偏低时，不仅 CO_2 的利用率低，而且 CO_2 气体的浓度容易偏高，引起 CO_2 气体中毒。因此当温度低于15℃时，要停止施

用 CO_2。

2. 温室内光照过弱时不得施用 CO_2

一般温室内的光照强度低于 8000 勒克斯时，不要进行 CO_2 气体施肥，以防发生 CO_2 气体中毒。

3. 施用浓度应略低于最适浓度

长时间、高浓度地施用 CO_2 会对作物产生有害影响，如使植株老化、叶片反卷、叶绿素降低，因此，使用浓度应略低于最适浓度，适当减少施用次数，同时加强水肥管理，一般每天上午日出后（或揭草帘后）施肥 2 小时左右为宜。关于温室内 CO_2 施用浓度问题，目前国际上都用 $1000\sim1500mg/kg$ 作为标准。实验表明，叶菜类 $1500\sim2500mg/kg$、黄瓜 $1200mg/kg$、茄果类 $800\sim1000mg/kg$、西瓜 $1000mg/kg$ 为宜。另外，具体浓度应根据光照强度、季节、作物长势而相应加以调节，光照强度大的地区浓度可适当加大。

4. 保持棚室相对密闭

在施用 CO_2 期间，应使棚室保持相对密闭状态，防止 CO_2 气体逸散至棚外，以提高 CO_2 利用率，降低生产成本。

5. 根据不同作物及生长期选施 CO_2

CO_2 施用时期应根据作物种类、栽培方式、作物长势和环境条件而定。一般叶菜、根菜类在前期施用较好；对于果菜类，如番茄、辣椒等，可在雌花着花，开花或结果初期开始施用，而在开花坐果前不宜施用，以免营养生长过旺造成落花落果。施用时间，一般为晴天日出后 $0.5\sim1.0$ 小时，停用时间为放风前半小时。每天有 $2\sim3$ 小时的施用时间，就不会使植株出现 CO_2 饥饿状态。阴天、雨雪天或者气温较低时，也不需要施用。

6. 大温差管理可提高 CO_2 施肥效果

白天上午在较高温度和强光下增施 CO_2，有利于光合作用制造有机物质。而下午加大通风，夜间有较低的温度，增加温差有利于光合产物的运转，从而加快作物生长发育与光合有机物的积累。

值得注意的是，CO_2 施肥只是作为蔬菜管理中的一种辅助增产措施，不能忽视肥水的管理。只有在基肥、追肥、水分、温度光照能够满足蔬菜正常生长的基础上，配合施用 CO_2 肥料，才能达到丰产、增产的目的。

五、药肥

药肥是"肥"和"药"的有机结合，强化肥料和农药的互助效应。

（一）药肥的种类与特点

目前药肥品种主要包括除草药肥、除虫药肥、杀菌药肥等，其中又以除草药肥在实际生产中应用较多。其特点如下。

1. 平衡施肥，养分齐全

药肥的养分含量是根据作物的需肥规律和土壤养分丰缺状况，通过田间试验确定的，其中含有作物所必需的多种大、中、微量营养元素。

2. 药肥结合互作增效，提高安全性，减少损失

农药和肥料结合后，表现出良好的互作增效效应，克服了农药使用中与肥料自然相遇相减的影响。由于农药均匀分布在肥料中，所以在施用时，人员可避免接触高浓度农药，并能减少撒播时的接触机会，保证操作的安全性。同时，农药飞溅损失少，对环境污染小，特别在土壤中施用时，流失到江河中的数量明显减少。

3. 操作简便，省工节本，增产增收

使用药肥，将施肥和使用农药的田间作业合二为一，既简化了农事操作程序，节省了劳动力，又减轻了劳动强度；因为肥料代替了农药中的填充物，从而可以降低农药成本；同时，药肥还能使作物增产。

（二）药肥混配的原则与生产方法

一般在混合时应遵循以下原则。

1. 不能因混合而减低肥效和药效

如除草剂西码津和阿特拉津，宜与石灰以外的任何固体肥料混用，不降低除草活性。但与普钙混用时，应随混随用，若混合后存放一段时间，如2～3个月，则会降低药效甚至失效。

2. 混合后对作物无害

有些农药（如扑草净）与液体肥料混进时会增大对作物的毒性，但2,4-D类除草剂与肥料混用，在一定条件下有提高效能的

作用。

3. 混合后要求化学性质与物理性质稳定

如 2,4-D 与普钙混用后，存放 1 个月左右仍性质稳定，但有些农药会失效。

4. 肥料与农药的使用时间和部位必须一致

农药肥料的施用时间与施肥深度需考虑到肥效和药效的充分发挥。一般基肥施用时宜稍浅，追肥时主要用在苗期，液体农药肥料也可采用液面喷施。

农药一般有固体和液体之分。一般来说，固体农药可与肥料直接混合，要求不太严格，而液体农药混用使用之前先进行试验。要求农药和肥料容易混合均匀，不产生化学不良反应，药效和肥效不降低，也就是说不能低于各自单用的效果，对作物安全。取小量农药和肥料溶液按一定比例混合，摇动 10 分钟左右，然后静置 30 分钟，如没有沉淀或分层现象，说明物理可混性好，可以施用，有沉淀或分层现象，轻轻摇动仍能重新分散也可以施用。

（三）生产方法

按肥料、农药性质的不同，农药肥料的生产方法可大致分为 3 种：混入法、包覆法和浸透法。

1. 混入法

混入法就是将肥料和农药混合在一起，经过造粒、干燥、筛分等工序最后得到产品。采用混入法生产农药肥料时，所需的设备少、成本低，但在连续生产时，肥料设备和农药设备混杂在一起，难于管理。因此，该法多数采用间歇式生产。

2. 包覆法

包覆法所用的肥料产品与农药肥料厂分开，无肥料设备折旧费，但多数需加入添加剂。因包覆法实施方便，故多数采用此法生产农药肥料。

3. 浸透法

浸透法是先将农药溶解到高沸点溶剂中，而后再浸透到颗粒肥料里，并通过回收溶剂得到产品。因农药和溶剂用量有限，而浸透到肥料里的浸透量更少，且溶剂回收成本高，故浸透法应用范围较小。

六、稀土肥料

稀土元素是化学元素周期表第三副族的镧系元素，包括镧、铈、钕、钐、铕、铽、镝、钬、铒、铥、镱和镥以及与其性质相近的钪和钇等 17 种金属元素的总称。稀土元素简称为稀土，镧、铈、镨、钕为轻稀土，其他为重稀土。稀土肥料所用的农用稀土是轻稀土。具有稀土标明量的肥料称为稀土肥料，如稀土氮肥、稀土磷肥、稀土复混肥等。

1. 稀土的功能

国内外学者对农用稀土的作用机理有 3 种见解：一是稀土元素可能是属于作物必需的超微量营养元素；二是稀土元素可能是作物生长刺激素；三是稀土元素对作物生长起到一种指令作用。尽管见解不同，但一致认为：稀土元素具有一定生理活性，在合理施用条件下，是一组对作物生长具有促进作用的有益元素，其增产效果是肯定的。

（1）提高作物抗逆作用 作物生长过程中经常会遇到高温、低温、干旱、盐分毒害等生长逆境，施用稀土肥料后可提高植物细胞对电解质外渗的控制能力。例如，以稀土处理过的冬小麦，可增加细胞质膜在低温逆境（$-9\,℃$）下的稳定性，电解质外渗量仅为对照的 69%。植物体内脯氨酸的含量是其抵抗逆境能力的指标，而稀土对脯氨酸的形成起促进作用。

（2）促进对营养元素的吸收 稀土除可促进 N、P、K 的吸收运输外，还可促进植物根系对微量元素 Zn、Mn、Cu、Fe 的吸收，从而促进作物生长。实验证明，土中可溶性稀土的含量与植株内稀土的浓度呈极显著的相关性。而植株中稀土浓度，N、P、K 等营养元素浓度与作物产量呈一元曲线关系。

（3）提高叶绿素含量，增强光合作用 光合作用是绿色植物特有的生命过程，将太阳能转变成化学能合成植物自身所需的有机营养物质，是植物生长和获取产品的物质基础。轻稀土和混合稀土的水培试验表明，小麦的叶绿素 a 和叶绿素 b 的含量可由空白样的 0.62mg/g 和 0.24mg/g 分别提高到 $0.74\sim1.00\text{mg/g}$ 和 $0.29\sim0.36\text{mg/g}$。由于叶绿素的增加，作物光合作用得到强化。

（4）提高土壤微生物对养分的活化能力　土壤微生物在含有稀土肥料的土壤中受到稀土刺激而迅速增殖，其代谢产物和植物根系分泌物直接和间接影响营养物质在土壤中的存在形态和活性。

2. 稀土肥料的种类

我国农用稀土品种主要有氯化稀土、硝酸稀土和络合稀土等。国家技术监督局为统一产品规范，以优质和安全为宗旨，特制定《农用硝酸稀土》产品的国家标准（GB 9968—1988），向全国颁发和实施。标准规定：固体产品，其稀土含量 RE_2O_3 不少于 38%；液体产品，其稀土含量不少于 380g/L，并规定了砷、汞、铬、铅、钍、氯和水不溶物的限量。同时，规定固体产品的粒度不大于 3mm，液体产品的 pH 值为 3.5～4.0，固（液）体产品的总放射性比活度不大于 800Bq/kg（Bq/L）。放射性比活度是单位质量的物质中所具有的放射活度（Bq/kg），而放射活度是指在一定时间间隔内处在特定能态的一定量放射性核素由核能态发生自发核跃迁（或核衰变）的次数，其单位为贝可勒尔或简称贝可（Bq）。在稀土复肥中，农用稀土的用量一般为 0.2%～0.4%。

稀土作为植物生长的生理调节剂在我国开发和推广应用已有 30 年历史，在稀土农学、土壤学、植物生理学、卫生毒理学和微量分析学等多学科中均获一定成果，施用面积已达 400 万公顷以上，公顷施用量 300～900g（RE_2O_3），目前正向林业、畜牧业和养殖业延伸。

稀土元素带有放射性，因此使用稀土元素的安全性是人们极度关注的事。轻稀土镧、铈本身被列为非放射性物质，但受现有分离净化技术的限制，工业生产难以排除微量天然放射性元素。我国产品安全毒理学评价程序进行的结果，均表明合理使用稀土肥料是可靠的和安全的。

第五章 菜田土壤障碍改良技术

设施菜田土壤养分失衡、酸化、次生盐渍化、根结线虫危害及重金属污染等土壤障碍问题日益严重。如任其发展，必将严重影响我国设施菜田的可持续发展。因此，研究菜田土壤障碍改良修复变得越来越重要。土壤修复是通过技术手段促使受退化的土壤恢复其基本功能和重建、提高其生产力的过程。从修复的原理可分为物理修复、化学修复和生物修复三类（陈怀满，2005）。本章主要针对菜田土壤次生盐渍化、酸化和根结线虫等障碍改良修复问题进行讲述。

第一节 菜田次生盐渍化土壤改良

近些年，菜田土壤次生盐渍化有加重趋势，尤其是设施菜田土壤。主要原因与当前菜田水肥管理不当有着密切管理。因此，菜田次生盐渍化土壤改良需要从水肥管理方面入手。

一、采用科学的施肥方法

合理施用化肥是防止土壤次生盐渍化的重要途径，包括施肥量的确定、选择适宜的肥料品种、确定适宜施肥时期及方法等。确定施肥量应根据蔬菜产量水平、土壤供肥能力、肥料效应等进行计算。在目前肥力水平下，应以控氮、减磷、适当增钾，有针对性施用微肥为原则。选择肥料品种应根据肥料的性质及组成特点而定，一般不宜选用含氯的化肥，少用硫酸盐肥料，尽量不用硝态氮肥或含硝态氮的复混肥料。施肥时期的确定主要根据蔬菜生长期长短及收获部位分配用肥量。如速生菜可用 1/2 的氮和全部的磷钾肥作基肥，另 1/2 氮在早期根据作物生育情况灵活追施；生育期长的瓜、果类蔬菜，基肥用氮量可减少到 1/3，另 2/3 采用少量多次的方法分期施用。如果土壤含盐量在 0.2%～0.3%时，最好不要用化肥作基肥。另外，氮肥深施效果好，尤其是碱性（石灰性）土壤避免面施，防止氨挥发对蔬菜叶的伤害。

二、利用夏秋季降水淋洗及生物排盐

经一冬一春的种植，塑料大棚和温室内的土壤盐分已积聚较多，宜在夏熟蔬菜收获后，深翻土壤，揭去棚膜，任雨水渗入并挖好排水沟，让盐分随水排走。另外，甘蓝、菠菜、南瓜、芹菜等耐盐蔬菜或玉米、苏丹草等根系发达，具吸肥能力强的特性，不施肥，以降低盐分。

三、加强棚室土壤管理

棚内覆盖地膜，可以减轻土表盐分积累。大棚内使用地膜等覆盖，能够保持水分，具有稀释盐分的作用；同时，地膜覆盖后，下层土壤带有盐分的水分沿毛细管上升，除供应蔬菜吸收外，多余的水分凝结在地膜上形成水滴，滴入土中自上而下洗刷表土盐分。充分利用间套作技术，抑制盐分上升。例如早春在大棚、温室内种植生育期较长的番茄、茄子、辣椒等蔬菜，在行间栽培一些菠菜、茼蒿等速生菜，增加地面覆盖率，减少水分蒸发以抑制返盐。及时中耕松土，切断上、下土层的毛细管联系，避免盐分随水上移至土壤表层。

四、洗盐与换土

对盐渍化较强的大棚和温室土壤，采用排灌洗盐或暗管地下排盐法有较好的效果。暗管地下排盐法，即采用双层波纹有孔塑料暗管排水洗盐。浅层暗管管顶距土表 30cm，平均间距 1.5m，灌水洗盐时，耕作层内积聚较多的盐分，随水由此排出；深层暗管管顶距土表 60cm，间距 6cm，随水下渗的部分盐分则由它排走，不使底层积盐。两层暗管将溶解盐的水集中在一起，并用垂直排水方法排到设施以外的地方。另外，采用客土或换土法解决盐渍化问题。各种方法应该根据当地的实际情况灵活应用。做到投入少，效益高，达到除盐的目的。

五、合理灌溉

不同作物对土壤湿度要求不同，如黄瓜、花椰菜、芹菜等根系入土浅且喜湿润土壤，灌水数量和次数适当增加；根系入土较深的番茄、西葫芦、西瓜、甜瓜等耐旱性较强，应尽量少灌水，避免土壤过湿。不同生育期对土壤湿度也有不同要求，苗期根系的吸水力弱，要求土壤湿度较高；发棵期要控制水分以蹲苗促根；结果期对喜湿蔬菜要勤浇水，经常保持表土层湿度在相对含水量 85% 左右；对于耐旱蔬菜，此期则不宜供水过多。灌水宜采用沟灌、滴灌、膜下灌的方式，以减少空气的相对湿度，减轻病害。如果用于洗盐灌水，应每次浇足浇透，将表土聚积的盐分稀释下淋，供根吸收。

第二节　菜田土壤酸化改良

一、化学改良措施

改良剂主要有石灰改良剂、矿物和工业废弃物的改良剂和一些其他改良剂。

（一）石灰改良酸化土壤

在酸性土壤中施用石灰或者石灰石粉是改良酸性土壤的传统和有效的方法。施用石灰能够中和酸度，增加土壤耕层交换性 Ca^{2+} 的浓度，降低铝、锰的活性，消除 Al^{3+}、Fe^{2+} 和 Mn^{2+} 等的毒害。石灰也有不足之处，过量或长期频繁施用石灰可能会引起土壤板结，而形成"石灰板结田"，导致土壤有效铁、锰、铜或锌的缺乏，土壤磷酸盐有效性降低，而且会引起土壤钙、钾、镁 3 种元素的平衡失调而导致减产，或者阻碍植物对硼的吸收和利用等。必须注意的是，一般每隔 3～5 年于春季施用 1 次即可，每次施用的数量可以根据下面的推荐方法进行。

采用石灰改良酸性土壤的最佳施用方法是撒施，目的是将石灰与土壤充分混合均匀。特别注意的是，进行石灰改良土壤酸度的同时，注意不要混施一般的化肥，但可以与其他碱性肥料（草木灰、钙镁磷肥等）配合使用。

石灰施用量的确定可用以三种方法确定。理论方法计算石灰用量根据土壤交换量和盐基饱和度的数据计算石灰用量。试验方法计算石灰用量（氯化钙交换-中和滴定法）。在没有测试条件下可以简单估算石灰用量。

石灰的施用量与土壤类型、酸碱度、蔬菜种类和施用目的有关。在没有测试条件的情况下，可根据表 5-1 和表 5-2 所示的土壤酸碱度和土壤类型简单估算石灰的用量。

表 5-1　石灰需要量的估算（千克/亩）

pH	砂土及壤质砂土	砂质壤土	壤土	粉质壤土	黏土	有机土
4.5 增至 5.5	46.7	80	20	86.7	246.7	546.7
5.5 增至 6.5	66.7	113.3	160	233.3	313.3	566.7

表 5-2　石灰需要量的估算（千克/亩）

土壤 pH	砂土　　　　壤土	黏土
pH4.5～5.0	50～100	150
pH5.0～6.0	50～75	100
pH6.0～6.5	25	50

施石灰的注意事项：

第一，施石灰容易加速土壤中有机物质分解，施生石灰应与有机肥料如畜禽粪便、饼肥等配合施用，但不能与人畜尿、铵态氮肥、过磷酸钙混存或混用；

第二，注意石灰不宜使用过量，因石灰呈强碱性，施用时要均匀，最佳的使用方法是撒施，如采用沟施、穴施时应避免与种子或根系接触；

第三，进行酸性土壤改良时，主要使用生石灰，如果换成熟石灰或石灰石粉时，可通过石灰物质的换算系数进行换算。石灰物质的换算系数：$Ca(OH)_2/CaO = 74/56 = 1.32$，$CaCO_3/CaO = 100/56 = 1.79$。

（二）矿物和工业废弃物的改良作用

利用某些矿物和工业废弃物也能改良土壤酸度，如白云石、磷石膏、粉煤灰、磷矿粉和碱渣等矿物和制浆废液污泥等工业废弃

106

物。叶厚专等研究表明，施用磷石膏提高了心土层土壤盐基饱和度，改善土壤物理性状，如容重下降，总孔隙度和非毛管孔隙度增加，土壤结构改善，团聚体破坏率降低，红壤通透性和结构性增强。穆环珍等研究表明，造纸制浆废水处理产生的沉淀固体"木质素污泥"具有较强的碱性，且含有多种植物生长需要的常量和微量元素及有机质。将其施用于酸性土壤，不仅能中和土壤的酸度，还能补充酸性土壤所缺乏的 Ca 等有益于植物生长的元素。在云南省酸性土壤上的研究结果表明，施用造纸制浆污泥可使中强酸性土壤的酸度降低，抑制土壤中铝的活性，对削减土壤铝毒害和提高土壤磷的有效性也有积极作用。

以上改良剂能对酸性土壤起到一定的改良效果，有的甚至能改良心土，而且大部分是一些工业副产品，比较廉价。但是这些改良剂中的大多数含有一定量的有毒金属元素。如磷石膏、磷矿粉中含有少量的铅（Pb）、镉（Cd）、汞（Hg）、砷（As）、铬（Cr）。粉煤灰中也含有少量的铅（Pb）、镉（Cd）、砷（As）、铬（Cr）。虽然含量较少，也存在着对环境的污染。目前我国进口部分磷矿，很多国家的磷矿中镉平均含量都高于我国，使用时应该注意镉的污染。因此，各种工业副产品尽管有效，但不易轻易大量使用。

（三）其他改良剂

近年来，人们还开发出营养型酸性土壤改良剂，即将植物所需的营养元素、改良剂及矿物载体混合，制成营养型改良剂。这种改良剂加入土壤后，在改良酸度的同时提供植物所需的钙、镁、硫、锌、硼等养分元素，起到一举两得的效果。另一种复合型改良剂除了供应养分、降低酸度外，还具有疏松土壤、提高土壤保水性的功能。土壤改良剂代替石灰改良酸性、微酸性土壤，可调整土壤的 pH 值，加强有益微生物活动，促进有机质的分解，补充微量元素的不足，并能够明显提高产量，改善品质，提高果实品质。

二、有机肥改良措施

有机物料改良剂即向土壤中施用有机物质，不仅能提供作物需要的养分，提高土壤的肥力水平，还能增加土壤微生物的活性，增强土壤对酸的缓冲性能。有机物料还能与单体铝复合，降低土壤交换性铝的含量，减轻铝对植物的毒害作用。用作改良土壤的有机物料种类很多，在农业中取材也比较方便，如各种农作物的茎秆、家畜的粪肥、绿肥和草木灰等。如施用草木灰对酸性贫瘠土壤主要有两方面的作用：一方面，草木灰在土壤中会产生石灰效应，使土壤的 pH 值大幅度升高，Ca、Mg、无机碳、SO_4^{2-} 含量增加，而 SO_4^{2-} 和 OH^- 之间的配位基交换作用也提高了碱度；另一方面，草木灰能够增加土壤养分含量，特别是能极大提高土壤的钾含量。

某些植物物料对土壤酸度具有明显的改良作用，这种改良作用不仅仅是通过增加土壤的有机质来增加土壤阳离子交换量，而且由于植物物料或多或少含有一定量的灰化碱，能对土壤酸度起到直接的中和作用，可在短期内见效。据研究表明：种植格拉姆柱花草五年和三年的土壤与对照区土壤相比，土壤内重要元素均大幅度增加，种植年限越长，土壤肥力提高越明显。与此同时，pH 值上升0.34 和 0.22。

我国农村废弃的植物物料资源丰富，如能利用这些植物物料资源，开发绿色环保型酸性土壤改良剂，一方面可以解决农业生产对改良剂的需求和农村废弃物的处置问题，另一方面节约了农业成本，也符合目前我国建设资源节约型社会的总体方针。

第三节　菜田土壤根结线虫病害防治

保护地栽培种类主要局限于几种经济效益相对较高的果菜类和瓜类，种类单一促使连作栽培面积加大，由于连作栽培年限的增加造成土壤环境恶化、蔬菜病虫害严重、产量降低、品质下降等一系列不良现象。连作障碍问题已成为保护地蔬菜栽培急需解决的问题。由于病虫害等问题，设施栽培蔬菜产业的发展受到了严重的制约，其中最严重的虫病害是蔬菜线虫病害。

根结线虫病，又称为"瘤子病"（见图 5-1～图 5-3），蔬菜被侵害后，不仅直接影响生长发育、降低品质，而且产量损失严重，一般田块减产 20%～50%，严重的甚至绝收。国际上每年因根结线虫危害造成的损失多达 1000 亿美元。

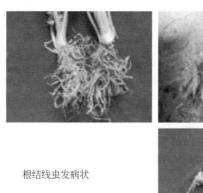

根结线虫发病状

连作障碍

图 5-1　根结线虫发病状

番茄根结线虫

图 5-2　番茄根线虫

据预测，未来 10 年根结线虫的发生会有明显的上升，年平均增幅 1%～9%，长期连作下土壤根结线虫累积危害将更日益严重，在未来相当长的时间内根结线虫病将依然是农作物的主要病害之一。

根据蔬菜根结线虫的发生特点和生活习性，应采用综合防治技

生理性病害

长期连作导致的根际病害

十字花科的根肿病

病原菌：*Plasmodiophora brassicae* Wor.

图 5-3　长期连作导致十字花科根肿病

术，以选用无虫土壤育苗或栽植无虫苗、土壤消毒、耕翻等多种农业措施为主，配合生长期药剂防治。

一、农业措施

（一）无病土育苗

选择未受根结线虫侵染的园田土做苗床，或采用草炭土、蛭石等为基质育苗，还可选用必速灭（棉隆）、威百亩对苗床进行封闭熏蒸，再行播种。应注意，以上药剂毒性很高，应避免直接与手、呼吸道接触，要使用特制的施药器械，另外药剂安全间隔期较长，最少 48 小时至 2 周后播种，否则易对作物产生药害。

（二）合理轮作

轮作选种蔬菜可与非寄主植物或抗性品种轮作，合理轮作可显著减轻病情，如现有重症田改种耐病的辣椒、葱韭蒜等，轮作年限多为 3～4 年，与禾本科作物轮作效果好，尤其是水旱轮作，可有效减少土壤中根结线虫量。此外，国外采用填闲期间种植万寿菊，对根结线虫防效较好。例如，在山东寿光地区，长辣椒与其他植物的轮作，有效降低线虫和病原微生物的危害，是防治蔬菜连作障碍的有效途径。如图 5-4、图 5-5 所示。

图 5-4　长辣椒与其他植物的轮作

填闲作物

✿ 深根系填闲作物种植对深层土壤氮素的提取作用

✿ 豆科作物种植的生物固氮作用

✿ 填闲作物残留体还田的养分循环作用

✿ 对土壤物理、化学和生物性质的改善作用

✿ 减轻病虫害的作用

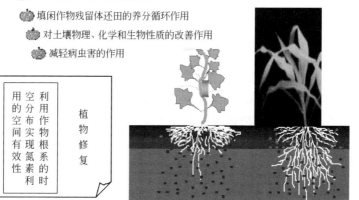

利用作物根系的时空分布实现氮素利用的空间有效性

植物修复

图 5-5　种植填闲作物

（三）利用捕捉植物

有多种速生蔬菜，如白菜、菠菜等，能被根结线虫侵染危害，但由于生长时间短，根结线虫对其危害性较小。利用这些速生蔬菜，在发病田地或温室大棚中，于 5～10 月种植，栽种 1～1.5 月即收获，诱使土壤中大部分根结线虫二龄幼虫侵入被捕捉，减少下茬蔬菜种植时初侵染的虫量，而减轻危害。

（四）田间管理

收获后彻底清除病根、残根和田间杂草，翻晒土壤，可减少土壤中越冬虫量，要求翻耕深度 25cm 以上，使土壤深层中的线虫翻到土表，且使表层土壤疏松，日晒后土壤含水量降低，不利于线虫存活；我国北方的温室、塑料大棚内，夏季高温天气，大棚栽培棚膜不拆，中午温度高达 55℃以上，利用太阳能提高地温，进行土壤消毒，或者每 1000m² 用麦秸或稻草 1500kg，然后翻耕铺平、灌水，再密闭大棚 15～20 天，对根结线虫及枯萎病等土传病害有较好的防治效果；重施腐熟的有机肥，增施磷、钾肥，提高植株抗病力，基肥中增施石灰，叶面追施过磷酸钙浸出液，也可明显控制和减轻病害；蔬菜收获后，条件允许时，可灌水淹地几个月，可使根结线虫失去侵染力。

（五）选抗性品种

选育高抗品种选用抗性品种是防治植物病虫害的一种经济有效的办法，而且对于寄主专化性较强的线虫，效果尤为明显。目前市场上已经出售对根结线虫有良好抗性的番茄砧木。但是尚无抗根结线虫的黄瓜品种。

（六）液氨熏蒸

温室或大棚中，用 450～900kg/hm² 液氨，在播种或移栽前翻土施入，密闭门窗 7 天后，打开门窗，并深耕翻耙土壤，将氨气放出，2～3 天后再播种或定植。大田中也可以进行熏杀，方法和上面一样，但施药后应立即覆土，有条件的可洒水封闭或覆盖塑料薄膜，熏闷 7 天后松土通气，然后播种，也可有效杀灭土中根结线虫。

（七）氰氨化钙（石灰氮)＋秸秆＋太阳能消毒

利用氰氨化钙和高温闷棚的方法进行土壤消毒是近年来进行

无公害生产的一项重要措施：每 1000m² 用秸秆 2000kg，氰氨化钙 100kg 均匀地撒在土壤上面，深翻混匀灌水达饱和后加盖薄膜，四周盖严，薄膜与土壤之间留有一定的空间，密闭温室 1 个月左右。土壤消毒最好在夏季气温较高、雨水少、温室闲置时期进行。

石灰氮-秸秆消毒技术的具体操作介绍如下。

1. 撒施后翻耕（图 5-6）

翻耕深度 20～30cm。

图 5-6　大棚翻耕

2. 翻耕后起垄覆膜

为增加土壤的表面积，以利于快速提高地温，延长土壤高温所持续的时间，取得良好的消毒效果，可做高 30cm 左右、宽 60～70cm 的畦（图 5-7，左）。同时为提高地表温度，作垄后在地表覆盖塑料薄膜将土壤表面密封起来（图 5-7，右）。

图 5-7　大棚起垄覆膜

3. 灌水闷棚

用塑料薄膜将地表密封后，进行膜下灌溉，将水灌至淹没土垄，然后密封大棚进行闷棚（图 5-8）。一般晴天时，20～30cm 的土层能较长时间保持在 40～50℃，地表可达到 70℃ 以上的温度。这样的状况持续 15～20 天，以防治根结线虫，增加土壤肥力。

图 5-8 灌水闷棚

4. 揭膜整地

定植前 1～2 星期揭开薄膜散气（图 5-9，左），然后整地（图 5-9，右）定植。

图 5-9 揭膜整地

二、化学防制

杀线虫剂主要分为两大类，即熏蒸杀线虫剂和非熏蒸杀线虫剂。目前全世界杀线虫剂品种约有 30 种，常用的不超过 10 种，并且因为许多是高毒或剧毒和高残留的农药，在蔬菜上禁止应用，所以选择杀线虫剂时一定不要只图防效，还应特别注意使用后蔬菜对人们的安全性。使用杀线虫剂时，应对苗床、温室大棚和露地土壤进行处理。

1. 使用熏蒸性杀线虫剂进行熏蒸杀虫

此类杀线虫剂目前可在蔬菜上应用的主要有氯化苦、溴甲烷、二溴化乙烯、二氯丙烯（1,3-dichloropropene）、二溴氯丙烷、威百亩、棉隆和敌线酯（methyl isothiocyannate，MIT）等。具体使用方法为按各药剂的推荐使用量在栽种前15天，沟施覆土压实，15天后在原来的施药沟上栽种蔬菜苗或播种。一定注意栽种或播种前2～3天开沟放气，以免产生药害。

2. 使用非熏蒸性杀线虫剂进行沟施、穴施或撒施于根部附近土壤中

此类杀线虫剂可在蔬菜生长期使用，但一定要注意安全使用间隔期。在蔬菜上可使用的主要有克线磷（fenamiphos）、灭线磷（ethoprophos）、克线丹（rugby）、米乐尔（isazophos）、噻唑磷（IKI-1145）及阿维菌素（爱福丁）等。目前生产上应用阿维菌素对杀灭根结线虫和短体线虫效果较好，并且对作物安全。每平方米用1.8％的阿维菌素乳油1ml稀释2000～3000倍后用喷雾器喷雾，然后混土。其他药剂使用应按各药剂的说明书严格进行。

对于蔬菜根结线虫病的药剂防治，宜选高效低毒、低残留的杀线剂，残毒大的不宜使用。使用药剂时一定要把握一个"早"字，等到表现出症状后再用已为时过晚。另外，在施用药剂时，应注意安全，做好防护工作。

三、生物防治

国外有一些商品化的生物防治产品如 DiTera、巴氏杆菌属、荧光假单胞杆菌、根际细菌、木霉菌、菌根等用于根结线虫的防治。如用芽孢杆菌防治番茄、辣椒、鸡冠花根结线虫，用淡紫拟青霉防治南方根结线虫。目前，我国应用根际调控剂调节根际微生态系统，抑制有害微生物，促进有益微生物生长，起到较好效果。

四、综合调控制剂防治

天津农学院卢树昌教授的课题组近几年研制出防控菜田土壤根结线虫的综合调控制剂（国家发明专利，授权号：ZL201010591023.6），该综合调控制剂集植物中提取液驱避线虫剂、促根剂、杀线剂于一体，在设施番茄上应用取得了良好效果。

使用方法：在番茄定植时、定植30天和定植60天三次，分别使用2000倍调控剂稀释液，每株灌500ml。使用效果介绍如下。

1. 提高番茄株高

不同处理影响了大棚番茄株高的。由图5-10，图5-11可知，综合处理促进番茄长势，无论前期还是后期，经过综合处理的番茄株高高于传统处理的番茄。生长前期综合处理的番茄是传统处理的1.14倍，而生长后期综合处理的番茄比传统处理高出1.04倍。

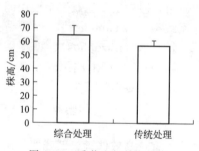

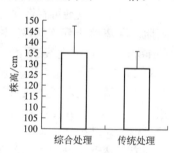

图 5-10　番茄生长前期株高

图 5-11　番茄生长后期株高

2. 显著提高番茄产量

根结线虫影响蔬菜产量，由图5-12可知，相同条件下经综合处理后的番茄的产量高于传统处理的番茄，前者产量比后者平均每亩多出2310kg，提高了40%。说明综合处理方法有助于提高番茄产量。

3. 改善番茄根系发育，发病率降低

表5-3结果表明，施用综合调控剂后，番茄的根长增加了28.2%，根重占总重的百分数由14.27%下降到4.40%，差异达到了显著水平；发病率由54.88%下降到20.37%，下降了62.9%，差异达到了显著水平。

116

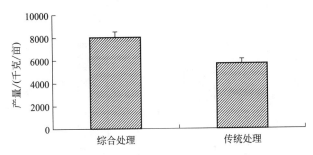

图 5-12 不同处理对番茄产量的影响

表 5-3 不同处理对番茄根系和发病率的影响

处理	根长/cm	根总重/%	发病率/%
传统处理	15.6±4.7^b	14.27±3.94^a	54.88±0.22^a
综合处理	20.0±4.5^a	4.40±0.63^b	20.37±5.64^b

4. 改善番茄品质

有表 5-4 可知，综合处理显著增加了番茄叶片的叶绿素含量，同时提高了叶片的光合作用强度，但没有达到显著水平。综合处理后使番茄果实的 V_C 含量提高了 33.1%，差异达到了显著水平。同时使果实中单糖含量提高了 12.2%。

表 5-4 不同处理对番茄光合作用强度、叶绿素、VC 及单糖含量的影响

处理	叶绿素 (SPAD 值)	光合作用强度 /(mg/dm²·h)	V_C 含量 /(mg/kg)	单糖含量/%
综合处理	44.16±3.20^a	26.53±3.62^a	266.67±35.56^a	1.29±0.06^a
传统处理	40.95±1.96^b	23.76±4.49^a	200.30±10.21^b	1.15±0.06^a

5. 有效控制土壤根结线虫的发生

由图 5-13 可知，综合调控剂处理和传统处理的根结线虫数量在收获时分别是整地前的 2.75 倍和 3.38 倍。土壤收获时传统处理土壤根结线虫数量较综合处理增加 23%，说明综合处理有明显的控制土壤根结线虫的作用。

6. 经济效益明显

由表 5-5 可知，综合处理每亩施用综合调控剂花费 240 元，产量收益 22540 元，净收益 22300 元；传统处理每亩施用阿维菌素花

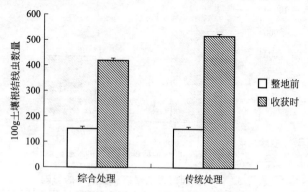

图 5-13　不同处理大棚土壤根结线虫状况

费 750 元，产量收益 16072 元，净收益 15322 元。由此可知，综合处理的经济效益较传统处理高 6978 元/亩，节本增效明显。

表 5-5　不同处理经济效益

处理	药剂用量/(毫升/亩)	产量/(千克/亩)	产量收益/(元/亩)	总收益/(元/亩)
传统处理	阿维菌素 2500	5740	16072	15322
综合处理	综合调控剂 600	8050	22540	22300

注：阿维菌素 15 元/50ml，综合调控剂 20 元/50ml；番茄价格 2.8 元/kg。

根据菜田根结线虫发病的特点，在综合防治过程需要做到以下几个关键环节。

(1)每年夏季采用高温闷棚技术处理病害土壤

(夏 7 月初,按石灰氮 60 千克/亩和秸秆 600 千克/亩的施入土壤,
起垄覆膜灌足水后,大棚覆膜,闷棚消毒 30 天)

↓

(2)定植时及定植后进行综合调控剂灌根

(定植时和定植后 30 天,分别灌施综合调控剂原液 600 毫升/亩,
稀释 2000 倍,灌 500 毫升/株,后期酌情再施 1 次;综合调控剂按
照植物源驱避制剂、促根剂、杀线剂和硅制剂不同配方调控)

↓

(3)采用轮作倒茬技术

(生长中套作、混作或连作特定作物,改善土壤根际微生物环境)

↓

(4)农事操作中尽量减少相互传染

果类蔬菜土壤调理与根结线虫防控技术模式如图 5-14 所示。

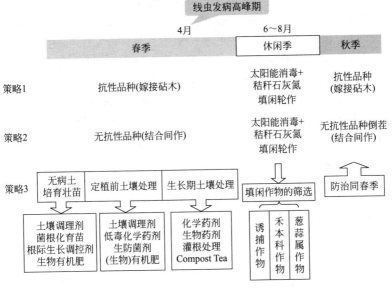

图 5-14　果类蔬菜土壤调理与根结线虫防控技术模式图

第四节　菜田土壤重金属污染修复

一、预防措施

菜田土壤一旦受到污染，就很难治理，重金属污染实际上是不可逆转的。因此，菜田土壤管理更需要"先防后治，防重于治"，需要从以下几个方面进行预防。

（一）执行国家有关污染物的排放标准

要严格执行国家部门颁发的有关污染物管理标准，如《农药登记规定》（1982），《农药安全使用规定》（1982），《工业、"三废"排放试行标准，1973》，《农用灌溉水质标准》（1985），《征收排污染暂行办法》（1982）以及国家部门关于"污泥施用质量标准"、"有机肥施用质量标准""化肥生产质量标准"，并加强对污水灌溉与土地处理系统，固体废弃物的土地处理管理。

（二）建立菜田土壤污染监测、预测与评价系统

以设施菜田土壤环境标准或基准和农田土壤环境容量为依据，定期对辖区菜田土壤环境质量进行监测，建立系统的档案材料，参照国家组织建议和我国土壤环境污染物目录，确定优先检测的菜田土壤污染物和测定标准方法，按照污染次序进行调查、研究。加强设施菜田土壤污染物总浓度的控制与管理。

（三）发展绿色规模畜禽养殖，进行畜禽粪便无害化管理

实现畜禽粪便无害化供应与排放需要从饲料供应、场地管理、畜禽粪便排放全过程进行管理，以减轻对环境的影响。

二、治理措施

对于已发生重金属污染的菜田土壤，可以采用物理修复、化学修复和生物修复等措施加以治理。

（一）污染土壤的物理修复

包括翻土、客土、热处理、淋洗、固化、填埋等，这些工程措施治理效果彻底、稳定，但工程量大，投资大，易引起土壤肥力减弱，仅适用于小面积的污染区。其中，热处理技术是通过土壤中通入热蒸汽或用射频加热方法把已经污染的土壤加热，使污染物产生热分解或将挥发性污染物赶出土壤并收集起来进行处理的方法。固化技术是将重金属污染的土壤按一定比例与固化剂混合，经熟化最终形成渗透性很低的固体混合物。固化剂主要有水泥、硅酸盐、高炉矿渣、石灰、粉煤灰、沥青等。填埋处理是将固化后的污染土壤挖掘出来填埋到进行国防深处理的填埋场中，从而使污染土壤与未污染土壤分开，以减少或阻止污染物扩散到其他土壤中，适用于污染严重的局部性、事故性土壤。

（二）污染土壤的化学修复

化学修复的机制包括沉淀、吸附、氧化-还原、催化氧化、质子传递、脱氯、聚合、水解和 pH 调节等。化学修复剂施用方式有灌溉、人工撒施、注入、填埋等。可以采用施用石灰性物质等无机钝化剂降低镉、铅、铜在土壤中的活性和施用腐殖酸类肥料等有机钝化剂增加土壤对重金属的吸附能力，减少蔬菜的吸收。

利用化学改良材料如骨饲料、非结晶态氧化铝、水合铁、腐殖

质及结晶氧化铁、$CaCO_3$、KH_2PO_4、石灰、钙镁磷肥、蒙脱石、红泥和高岭石等可改变土壤重金属的存在形态，降低其毒性。吴龙华等（2000）研究铜污染土壤修复的有机调控时表明外加适量 ED-TA 可起到活化土壤重金属铜的作用，从而很有可能提高植物对污染土壤重金属的吸收、修复效率，从而缩短修复时间。但随着处理时间的增加，这种降低作用会逐渐减少（姜丽娜等，2005）。

（三）污染土壤的微生物修复

利用微生物修复受重金属污染的土壤，主要是依靠微生物降低土壤中重金属的毒性，或者通过微生物促进植物对重金属的吸收等其他修复过程。修复技术包括生物吸附和生物氧化、还原。前者是重金属被活的或死的生物体所吸附的过程；后者则是利用微生物改变重金属离子的氧化、还原状态来降低环境和水体中的重金属水平。

（四）污染土壤的植物修复

利用蔬菜根系吸收水分和养分的过程来吸收、转化土壤中的污染物，达到清污、修复或治理的目的。可以通过蔬菜-超积累植物复合模式来实现，栽培上间作或套种富集植物降除特定重金属，我国报道的富集植物见表 5-6。

表 5-6　我国报道的重金属富集植物

重金属元素	富 集 植 物	文献来源
As	大叶井口边草 *Pteris cretica* L.	韦朝阳和陈同斌（2002）
	蜈蚣草 *Pteris vittata* L.	陈同斌等（2002）
Cd	宝山堇菜 *Viola baoshanensisi*	刘威（2003）
	中油杂 1 号 *Brassica napus* Zhongyou Hy-bride No. 1	王激清等（2003）
	蒲公英 *Taraxacum mongolicum*、龙葵 *Solanum nigrum*、小白酒花 *Conyza canadensis*	魏树和等（2003）
Cu	海州香薷 *Elsholtzia haichowensis* Sun、鸭跖草 *Commelina communis* Linn、酸模 *Rumex acetosa* Linn	Tang *et al.*（1999）
Mn	商陆 *Ethiopian guizotia*	薛生国等（2003）
Pb	杨梅 *Myricarubra*	何新华等（2004）
Zn	东南景天 *Sedum alfredii* Hance	杨肖娥等（2001）

目前发现的富集植物高效的吸收、转运和解毒能力在盆栽试验中表现出了巨大的潜力，但在实践的修复试验中，植物提取效率却大为降低。因此，可以筛选本地超富集植物，包括具有吸附重金属能力的转基因植物是目前重要的研究方向。

重金属污染土壤多是几种重金属混合在一起的复合污染，而富集植物通常只能选择性吸收 1～2 种重金属元素，对复合污染的多种重金属元素富集的能力较弱。因此，根据土壤污染的情况，将几种具有不同修复功能的超富集植物搭配种植，既可以提高修复效果，又可以节省修复时间。但间作或套种植物间不仅存在互惠，也存在竞争，也有可能没有影响，其相互关系比较复杂。和单作相比，镉积累植物印度芥菜/普通油菜互作显著增加油菜植株体内的镉含量，但对印度芥菜的镉吸收影响不大。东南景天与玉米套种促进了东南景天对锌和镉的吸收，但玉米籽粒的锌、镉含量低于国家饲料卫生标准。需加大蔬菜与富集植物种间相互作用研究，为重金属污染菜田修复提供新思路。

第六章　蔬菜水肥高效管理技术

从当前灌水施肥来看，我国大部分蔬菜生产区农民习惯的水肥投入方式是采用大水畦灌、随水冲肥的方法，特别是在黄瓜等果菜类蔬菜的生产中几乎是采用一水一肥的冲肥方法。这种方法会导致土壤种板结，氮素养分向深层土壤淋失，长久下去必然会对地下水的质量构成威胁。不合理的水分和养分投入所带来的问题很多，不仅会造成水肥资源浪费、农民经济收入下降，而且给人类健康和土壤生态环境造成巨大的威胁，同时会对蔬菜的产量和各方面品质产生不利的影响。如地下水硝酸盐污染与蔬菜生产中的频繁大量灌水密切相关。

蔬菜的生产必须以合理的灌水施肥决策取代目前普遍存在的随意性大水漫灌的方式，节约水资源，提高水分利用效率。在水资源十分紧缺的今天，发展合理的节水灌溉不仅可以减少土壤养分的损失，避免地下水硝酸盐污染，而且对保护饮用水资源不继续受污染，减缓地下水的过度开采，维系生态平衡具有积极的意义。

随着人们对蔬菜品质要求的提高，无公害蔬菜生产将是我国蔬菜业发展的必然方向。蔬菜所需水肥资源的有效管理是发展无公害蔬菜业的重要保障。水肥一体化技术将是今后的蔬菜水肥综合管理的重要方面。

第一节　蔬菜灌溉与施肥概况

公元前 400 年，雅典人用城市下水道的污水对菜园和柑橘园进行灌溉施肥，这是最早的、具有记载的原始灌溉施肥。到 1899 年，第一种液体肥料在美国获得专利，成为现代意义灌溉施肥的开端。1958 年，首次报道了通过喷灌系统施用商品肥料，而到了 1974 年，美国的液体肥料厂已经有 2800 家。1994 年，以色列需要灌溉的园艺作物有 90％通过灌溉进行施肥。

我国是一个水资源缺乏的国家，日益增长的用水与有限的水资源之间有着尖锐的矛盾，水资源的污染、浪费严重，农业用水浪费更甚，全国年总用水量为四千多亿吨，其中农业就占了 80％～90％。由于蔬菜是一类耗水量较大的作物，而且蔬菜种植又主要集中在大中城镇郊区及一些有名的蔬菜产区，所以大量的农业用水与居民用水和工业用水形成的水资源紧缺的矛盾更加突出。因此，蔬菜产区发展节水型农业对整个国民经济的发展有重要意义。

当前蔬菜灌水大多数地方仍采用沟灌、畦灌、大水漫灌等方式，即使在寒冷的冬季和早春也是如此。这些灌溉方式不仅耗用大量的水、能源、劳力，难于控制灌水量，而且很容易造成土壤板结，影响灌溉质量。尤其在设施栽培条件下，为一年多季种植，年灌水量在 22500 方/公顷以上，是一般农田的 3 倍左右，在无排水条件区域，致使地下水水位升高（地下水埋藏深度由原来的 150～230cm 达到 100cm 左右）到土壤次生盐化临界埋藏深度以内，从而加速了土壤的返盐。盐分在土壤表层的聚集抑制土壤微生物的活性，使土壤养分转化受到影响，造成蔬菜生长不良。另外，灌溉均匀性也是影响灌溉效果和肥料利用率的关键因素之一。沟灌、畦灌、大水漫灌的灌溉均匀性都较低，使得硝态氮易随灌溉水流失而造成局部地区硝态氮积累或淋失，结果导致地下水及蔬菜可食部分中的硝酸盐污染不断加剧。对于缺水城市郊区的菜地，主要靠被污染的河水或工厂、医院排出的污水进行灌溉，造成蔬菜品质下降，并形成镉、汞、铬等有害元素的残留（刘海凤等，2001；Kitchen，1997）。在保护地栽培条件下，沟灌、畦灌、大水漫灌等传统的灌溉方式易造成室内空气湿度过大。作物适宜的湿度范围是 40％～90％，如果湿度过大，不仅会抑制蒸腾作用，阻碍根系吸收，而且会导致叶霉病、霜霉病、灰霉病和病毒病等多种病害的发生和蔓延。因此，灌水和湿度管理应引起足够的重视。

灌溉施肥（Fertigation）就是通过灌溉系统为植物提供营养物质。我们把化学肥料溶解于灌溉系统（灌溉水）中，植物根系可以同时得到水和养分的供应。灌溉施肥技术利用灌溉系统作为施肥工具，这样就可以在施肥量、施肥时间和施肥空间等方面都可以达到

124

很高的精度。灌溉施肥系统的有效管理有赖于对灌溉和施肥及其相互关系的深刻理解。低流灌溉系统在中国的温室和经济作物（马铃薯、西瓜、甜菜等）以及园林和其他作物上的应用发展很快。为了保证从微灌系统的发展中取得较好的经济效益，必须应用灌溉施肥技术。

从灌溉施肥的方式来说，我国保护地蔬菜生产中，菜农大多凭经验直觉施肥，基肥满地撒施，追肥均是在施肥后立即灌水或将肥料溶于灌溉水中随水冲施，特别是在黄瓜等果菜类蔬菜的生产中几乎是一水一肥的冲肥方法，这种方法是许多文献推荐的。但这种传统的施肥方式不仅加大生产成本和造成肥料的浪费，也会导致土壤板结、氮素养分向深层土壤淋洗，尤其是在经常浇水，土壤水分含量高的条件下，更容易使养分随灌溉水下移，淋出根系所能达到的土层，进入地下水。李俊良等（2001）的研究结果表明，当季施入的氮肥在番茄收获时已经至少淋洗到 2m 深的土层，并且有可能淋洗到更深的层次。不恰当的灌水和施肥会降低水分和氮肥的利用率，造成氮素淋溶而污染地下水。

同传统的灌溉和施肥措施相分离的水分-养分管理技术相比，灌溉施肥技术主要有以下优点：①营养物质的数量和浓度与植物的需要和气候条件相适应；②提高化肥利用率，节省化肥；③提高养分的有效性，促进植物根系对养分的吸收；④提高作物的产量和质量；⑤减少养分向根系分布区以下土层的淋失；⑥大幅度节省时间和运输、劳动力及燃料等费用；⑦通过灌溉系统实现精准施肥。

第二节　蔬菜合理施肥基本原理

一、养分归还（补偿）学说

李比希的养分归还（补偿）学说，其要点可以归纳如下：

（1）随着作物的每次收获（包括籽粒和茎秆）必然要从土壤中带走大量养分。

（2）如果不积极地归还养分于土壤，地力必然会逐渐下降。

（3）要想恢复地力就必须归还从土壤中取走的全部东西。从现在来认识，这一观点有其正确的一面，也有其片面性的另一面。李比希的养分补偿学说的中心思想是归还从土壤中带走的养分，这是一个以生物循环为基础，对恢复地力，保证作物持续增产有积极意义的观点。不过，李比希所说需要归还从土壤中取走的全部养分是不必要的。

（4）为了增加产量就应该向土壤施加灰分。这一观点说明李比希当时只认识到要归还矿质养分的重要性，而对有机肥料的评价则认识不够。现代农业生产迅速发展的事实说明，施用有机肥料（如厩肥）绝不是仅仅补偿植物所需要的矿质养分，更重要的它是植物所需氮素的重要来源；此外，有机肥料还有独特的改土作用。因此，为了增加产量，向土壤施加矿质元素（灰分）和氮素同样都是重要的。应当强调指出，在一般情况下，化学肥料较之有机肥料的增产作用更为突出。

二、最小养分律

最小养分律是李比希提出来的又一个定律。它的主要内容是：植物为了生长发育需要吸收各种养分，但是决定植物产量的却是土壤中那个相对含量最小的养分因素，产量也在一定限度内随着这个因素的增减而相对地变化，如果无视这个限制因素的存在，即使继续增加其他营养成分也难以再提高植物产量。最小养分律的要点可以归纳如下：

（1）决定作物产量的是土壤中那个相对含量而非绝对含量最少的养分。

（2）最小养分不是固定不变的，而是随条件变化而变化的。当土壤中的最小养分得到补充，满足作物需求之后，产量就会迅速提高，原来的最小养分就不再是最小养分而让位于其他养分了。

（3）如果不针对性地补充最小养分，即使其他养分增加得再多，也难以提高产量，而只能造成肥料的浪费。

三、报酬递减律与米采利希学说

报酬递减律早在 18 世纪后期，首先由欧洲的经济学家杜尔哥（A. R. J. Turgot）和安德森（J. Anderson）同时提出来的。目前国内外对报酬递减律的一般表述是：从一定土地上所得到的报酬随着向该土地投入的劳动和资本量的增大而有所增加，但随着投入的单位劳动和资本量的增加，报酬的增加却在逐渐减少。

后来，有些学者把报酬递减律运用于农业，如米采利希（E. A. Mistcherlish）等在 20 世纪初期，在前人工作的基础上，以燕麦为材料进行了著名的燕麦磷肥砂培试验，深入探讨了施肥量与产量之间的关系，获得了与报酬递减律相一致的科学结论。这就充分说明了报酬递减律不仅是经济学的一个基本法则，也是科学施肥的基本理论之一。米采利希通过上述试验发现，在其他技术条件相对稳定的前提下，随着施肥量的逐次增加，作物产量也随之增加，但是，单位肥料的增产量却随施肥量的增加而呈递减趋势，因而与前人提出的报酬递减律所得结论相吻合。

四、因子综合作用律

因子综合作用律的中心意思是：作物丰产是影响作物生长发育的诸多因子综合作用的结果，但其中必有一个起主导作用的限制因子，产量在一定程度上受该种限制因子的制约。为了充分发挥肥料的增产作用和提高肥料的经济效益，一方面，施肥措施必须与其他农业技术措施密切配合；另一方面，各种养分之间的配合施用，也是提高肥效不可忽视的问题。因此，发挥因子的综合作用是施肥技术中一个重要依据。

下面仅以水分与施肥的效果、品种耐肥性与施肥的效果以及养分之间的交互作用效应为例，说明因子综合作用在施肥实践中的重要性。

1. 水分是作物正常生长和发育所必需的生活条件之一

土壤水分状况决定着作物从土壤中吸收养分的能力等。当土壤含水量不足时，由于水分直接抑制了作物的正常生长和发育，致使光合作用减弱，干物质生产较少，肥料中养分利用率降低，因此，所施肥料难以发挥应有的增产效果。通过灌溉使土壤含水量得到提高，因而作物长势增强，吸收土壤养分的能力大大提高，植株体内干物质积累也相应地增多，尤其是在大量施用化肥的情况下，更应重视调节土壤含水量（如灌溉）改善作物的水分供应，从而有利于发挥肥料的增产潜力。土壤含水量对施肥效果的影响进一步启示我们：在干旱年份，如果没有良好的灌溉条件，盲目地大量施用化肥，势必造成肥料的浪费，降低肥效；相反，在多雨之年，适当地增施肥料，则有利于作物增产，从而提高肥料的经济效益。但是，应防止由于土壤水分过多或氮肥施用过量造成作物贪青晚熟和减产的不良后果发生。

从产量分析来看，水与肥的相互作用效应也是十分明显的。也就是说，灌溉与施肥相结合的增产作用远远大于灌溉或施肥单一措施增产效果的总和。

2. 作物品种与施肥的效果

作物品种的耐瘠性或耐肥性是由该品种的遗传基因决定的，它与肥料效应也有密切的关系。现在广泛应用的蔬菜品种多为喜肥品种，因而助长了化肥的大量投入。因此，选育在低肥条件下，产量、品质虽有降低，但能提高肥料利用率、充分发挥肥效的优良品系尤为重要。应该以此为主攻方向，从育种材料筛选、低肥的优良品系鉴定等入手，为选育耐低肥实用品种，最终应用于蔬菜生产打下坚实基础。

3. 养分之间的交互作用效应

最小养分律所讲述的是作物产量往往受土壤中一种最小养分所制约，它没有反映出土壤中养分的复杂情况。如果土壤中同时存在两种养分限制作物生长时，仅仅补充其中一种养分，对作物生长乃至产量往往没有明显的效果；同时施入两种养分，将对作物增产产生极大的影响。这是养分之间产生交互作用效应的结果。

比方说，在基础肥力较高的菜田土壤上，常常由于土壤供磷水平远远大于供氮水平，所以氮、磷养分的交互作用效应不显著。在中等肥力的土壤上，由于土壤供氮不足的矛盾大于供磷不足的矛盾，所以单施氮肥的增产效应非常显著，而单施磷肥的增产效果则不明显。可是，当氮肥与磷肥配合施用时，由于同时满足蔬菜对氮磷养分的需要，所以氮磷养分的交互作用效应极为显著。

充分利用养分之间的交互作用效应，不仅是一项经济合理的施肥措施，也是使作物低产变高产的一条有效途径。不同作物对氮磷钾的需要均有一定的比例关系。平衡施肥对促进作物良好的生长发育和获得高产有着密切的关系。一般来说，氮肥的最高肥效取决于施用足够数量的磷和钾；同样，磷、钾肥的最高肥效只有在施足氮肥的基础上才能表现出来。

由于作物种类不同，它们的营养特性也各有特点，对于需氮较多的叶菜类蔬菜来说，氮、磷养分配合施用，往往具有明显的交互作用效应，而对于需钾较多的果菜类蔬菜来说，则氮、钾养分配合施用具有明显的交互作用效应。对于某种作物来说，除了大量元素之间有交互作用效应外，微量元素与大量元素，有时两种微量元素之间也常有明显的交互作用效应。

总之，在制定科学施肥方案时，利用因子之间的相互作用效应，其中包括养分之间以及养分与生产技术措施（如灌溉、品种、防治病虫害等）之间的相互作用效应，是提高蔬菜生产水平的一项有效措施，也是经济合理施肥的重要原理之一。发挥因子的综合作用具有在不增加施肥量的前提下，提高肥料利用率和增进肥效的显著特点。对于发展中国家来说，今后争取作物高产的科学施肥技术之一，在很大程度上将取决于如何充分利用因子之间的交互作用效应。

第三节　蔬菜水肥综合管理的基本原则

为了提高蔬菜的产量与品质，同时协调蔬菜生产、保护环境与提高人类健康的关系，在进行蔬菜水肥综合管理时应遵循以下几个原则。

一、水肥综合管理的区域化原则

我国的地域性差异较大，蔬菜生产的地理条件千差万别。因此，要达到水肥的高效管理，必须因地制宜，有针对性地实施水肥管理。

二、水肥综合管理的资源节约化原则

我国水资源有限，人均相对水资源量低，表现出数量型与质量型缺水的双重压力。另外，养分资源浪费严重且不可再生的矿产资

源供应潜力不足。因此，蔬菜水肥综合管理应该体现资源节约性原则。

三、水肥综合管理的资源高效利用原则

水资源与养分资源（尤其是氮养分资源）的利用率不高一直是制约水肥综合管理的核心问题。如何进行有效地水肥管理，来提高水分与养分资源的利用率问题是蔬菜水肥综合管理的关键。

四、水肥综合管理的技术融合性原则

蔬菜产区，水分与养分管理相分离，实施的相应灌溉与施肥技术相分离，这是当前面临的主要问题。因此，水肥综合管理中实现水肥管理技术一体化，技术的高度融合是我们必须遵循的原则。

五、水肥综合管理的效益最优化原则

蔬菜水肥综合管理的目标是最大程度地提高蔬菜产量、改善蔬菜品质、协调环境质量，实现经济效益、环境效益与社会效益的统一。

第四节　确定蔬菜施肥量的方法

一、养分丰缺指标法

1. 基本原理

利用土壤养分测定值与作物吸收养分之间存在的相关性，对不同作物通过田间试验，把土壤养分测定值以作物相对产量的高低分等，制成土壤养分丰缺指标及相应施肥量的检索表。当取得某一土壤的养分值后，就可以对照检索表了解土壤中该养分的丰缺情况和施肥量的大致范围。但这种方法所确定的施肥量只能达到半定量的精度。

2. 指标的确定

养分丰缺指标是土壤养分测定值与作物产量之间相关性的一种表达形式。确定土壤中某一养分含量的丰缺指标时，应先测定土壤

速效养分，然后在不同肥力水平的土壤上进行多点试验，取得全肥区和缺素区的成对产量，用相对产量的高低来表达养分丰缺状况。从多点试验中，取得一系列不同含磷水平土壤的相对产量后，以相对产量为纵坐标，以土壤养分测定值为横坐标，制成相关曲线图（图6-1）。

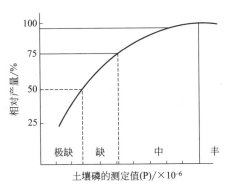

图 6-1　作物相对产量与土壤养分测定值的关系

按照国际通用标准，以相对产量在50%以下的土壤养分含量为"极缺"，50%～75%为"缺乏"，75%～95%为"中等"，大于95%为"丰富"确定土壤养分丰缺指标。土壤养分丰缺的程度可反映施肥增产效果的大小，一般来说，当土壤养分测定值达到"丰富"时，说明施肥效果不显著，一般可以暂不施肥；相反，在"缺乏"范围内，则表明施肥效果很显著，应适量施用含该种养分的肥料。

由于制订养分丰缺指标的试验设计只用了一个水平的施肥量，所以此法基本上还是定性的。在丰缺指标确定后，尚需在施用这种肥料有效果的地区内，布置多水平的肥料田间试验，从而进一步确定在不同土壤测定值条件下的肥料适宜用量。

3. 方法评价

此法的优点是直感性强，定肥简捷方便，缺点是精确度较差。由于土壤氮的测定值与作物产量之间的相关性较差，所以该法一般只适用于确定磷、钾和微量元素肥料的施用量。

二、养分平衡法

1. 基本原理

养分平衡法也称目标产量法。该法首先由美国土壤学家屈尔格（Truog）提出来（1960年），后经一些学者修正成为目前国际上应用较广的一种估算施肥量的方法。其原理是根据实现作物目标产量所需养分量与土壤供应养分量之差作为施肥的依据。其计算式如下：

施肥量(千克/亩)＝

$$\frac{目标产量 \times 单位产量的养分吸收量－土壤供应该养分量}{[肥料中养分含量(\%)] \times [肥料当季利用率(\%)]}$$

式中，各项参数如果能科学地加以确定，那么由上式求得的施肥量就比较切合实际，当然在生产中有一定的实用价值。

2. 参数的确定

(1) 目标产量　即计划产量，是决定肥料需要量的原始依据。因为土壤肥力是决定作物产量高低的基础，所以目标产量应根据土壤肥力来确定。通常以空白田产量（即无肥区产量）作为土壤肥力的指标，但在推广配方施肥时，常常不能预先获得空白田产量，为此，可采用当地前三年作物的平均产量为基础，增加 10%～15% 的增产量作为目标产量较为切合实际。如果提出无法实现的目标产量，那就失去了应用这一方法的实际意义。

(2) 单位产量的养分吸收量　这是指作物每生产 1000kg 经济产量从土壤中所吸收的养分量。一般可用下式计算：

$$单位产量养分吸收量＝\frac{作物地上部养分吸收总量}{作物经济产量} \times 应用单位$$

作物地上部养分吸收总量可分别测定茎、叶、籽实的重量及其养分含量，分别计算，累加获得。由于作物对养分具有选择吸收的特性，同时作物组织的化学结构也比较稳定，所以在工作中可以引用当地现成的科研资料或借鉴肥料手册中所列数据，作为计算依据。

(3) 土壤供应养分量　确定土壤供应养分量一般有以下几种方法：

① 空白区产量。作物在不施任何肥料的情况下所得产量称为空白田产量或地力产量。空白田产量所需要的养分量在一定程度上可以表示该土壤的供应养分能力。不过，空白田产量常受最小养分的制约，产量水平很低，在肥力较低的土壤上，用它估计出来的施肥量往往容易偏高。而在肥力较高的土壤上，由于作物对土壤养分的依赖率较大（即作物一生中吸自土壤的养分比例较大），据此估算出来的获得一定产量的施肥量往往偏低，这时可能出现削弱地力

的情况而不易及时察觉，对此应给予注意。

② 缺素区产量。为了使土壤供应养分量能够接近实际，有时不采用空白田产量，而改用缺素区产量来表示土壤供应养分量。因为缺素区产量是在保证除缺乏元素外其他主要养分正常供应的条件下获得的，所以产量水平比空白田产量要高。因此，用缺素区产量表示土壤供应养分量，并以此估算的施肥量也比较合理。

③ 土壤养分测定值。事先选用经研究证明作物产量与土壤养分测定值相关性很好的化学测试方法测定土壤中养分含量。土壤养分测定值（用 mg/kg 表示）在一定程度上反映了土壤中当季能被作物吸收利用的有效养分含量，因而可以更好地用以表示土壤养分供应量。

（4）肥料中养分含量。为了把实现目标产量所需投入的养分量换算成具体肥料的施用量，准确地了解所施肥料的养分含量是必需的。

（5）肥料利用率。肥料利用率是把作物实现目标产量所需营养元素换算成肥料实物量的重要参数，它对肥料定量的准确性影响很大。在田间条件下，安排单施某一营养元素肥料（经济施肥量区）和不施肥（空白区）两个小区，分别收割作物地上部分的生物学产量，分析其中该营养元素的含量，并累计算出该养分的总量，然后计算肥料利用率。

3. 方法评价

养分平衡法的优点是概念清楚，容易掌握，一般不必做田间试验就已估算出施肥量，比较省事。缺点是土壤具有缓冲性能，土壤养分常处于动态平衡之中。因此，土壤养分测定值只是一个相对量，不能直接换算出绝对的土壤供肥量，需要用校正系数加以调整，而校正系数变异较大，很难准确求出。此法的精确度受各个参数的影响较大，所以计算出的施肥量仅是一个概数。如果各项参数都比较合理可靠，此法在配方施肥中仍有实用价值。

三、肥料效应函数法

1. 基本原理

肥料效应函数法是以田间试验为基础，采用先进的回归设计，将不同处理得到的产量进行数理统计，求得在供试条件下产量与施肥量之间的数量关系，即肥料效应函数或称肥料效应方程式。从肥料效应方程式不仅可以直观地看出不同肥料的增产效应和两种肥料配合施用的交互效应，还可以计算最高产量施肥量（即最大施肥量）和经济施肥量（即最佳施肥量），作为配方施肥决策的重要依据。

2. 肥料效应函数

作物产量对肥料的反应称为肥料效应。反映肥料效应的数学式称为肥料效应函数（或方程式）。肥料效应函数一般用二次多项式表示。

3. 推荐方法的评价

肥料效应函数法是当前我国配方施肥的一种较好的方法。其优点：一是以田间试验为基础，因而能客观地反映具体条件下的肥料效应；二是具有较好的反馈性。据北京农业大学在河北曲周基地的研究，用此法推荐施肥的小麦实测产量与按肥料效应方程式计算的预报产量的比值，一般变动在 $0.94 \sim 1.10$ 之间，实践证明，此法反馈性较好；三是在大量积累试验资料的基础上，便于在今后建立县级电子计算机施肥咨询服务系统中发挥作用。其缺点是：由于该法是以田间试验为基础的，所以需要耗费一定的资金和时间，才能获得大量可靠的数据或参数；肥料效应函数只反映具体条件下的肥料效应，因而具有严格的地域性，不能到处借用；此法技术难度较大，一般不易掌握，推广此法前必须进行技术培训，把好技术关。

第五节　不同设施菜田施肥的策略

提高蔬菜地有机质含量尤为重要，应采取如下措施：

（1）增加有机肥使用品种，由原来单纯使用鸡粪，改为鸡粪配合施用土杂肥、半腐熟植物等。

（2）进行秸秆还田，将小麦、玉米秸秆直接覆盖或掩埋在蔬菜行间，或者将秸秆堆腐后翻于蔬菜地。

（3）减少耕作次数。土壤有机氮素的矿化与土壤温度、作物种类以及耕作措施有关，但在同一个地区相同管理措施下，温度是影响土壤氮素矿化的主要因素。因此，氮素的矿化呈现明显的季节差异。一年中,温度的变化是逐渐升高又逐渐降低的,温度较高的月份主要集中在 4～9 月 (如图 6-2 所示)。对于一年两茬的蔬菜而言,可以做到在春茬的后期以及秋茬的前期少施甚至不施肥。

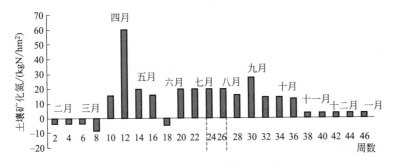

图 6-2　番茄地土壤矿化氮的变化

对于不同投入水平的菜田,需要不同的应对策略:

(1) 连续多年施用高量有机肥和氮素化肥的保护地,土壤中氮素富集量增多,应控制氮素化肥用量,适当降低氮素循环强度,这样既有利于产量的提高,也利于土壤氮素过多的损失和土壤的恶化。

(2) 对于投入低肥的菜田,特别是偏施氮素化肥而不注意施有机肥的菜田,应增加氮素特别是有机氮的投入,提高氮素循环强度及产量。

(3) 对于施肥不当或长期很少施肥的土壤,由于氮素严重亏缺,土壤结构已受到破坏,必须通过多施有机肥、种植豆科植物或合理轮作等措施改良土壤物理性状,并增加氮肥施用,提高氮素循环中氮素投入与氮素输出的强度,改良土壤,不断提高其生产力。

菜田土壤经过多年的培肥,土壤残存的无机态/速效态养分含量较高,尤其土壤无机氮和速效磷的累积现象比较普遍。必须充分利用这些养分,减少蔬菜对肥料的依赖,提高肥料利用率。根层土壤剖面无机氮/硝态氮在北方旱地上可以较好地表征土壤有效氮的供应水平。在进行氮肥施用量推荐时,应该将残留在根层土壤剖面中的无机氮/硝态氮考虑在内,可以减少无机氮/硝态氮在土壤剖面中的进一步积累及其淋洗到地下水的水平。对于磷、钾素,可以将土壤按有效养分含量高低进行分级,通过不断的调控,将磷钾维持在一个合理范围内。

蔬菜生产应该重视来自土壤以外的环境,诸如灌溉水、降雨等带来的养分,这对于正确理解土壤的氮素供应和合理施肥是必需的。在蔬菜生产中灌水频繁,灌水量较大,许多地区的菜田土壤由于大量施用氮肥造成地下水或灌溉水硝酸盐含量增加。北方大棚田间试验为例,每季通过灌溉水进入菜田的氮素为 $42\sim118kg/hm^2$ (图 6-3),如果考虑这部分氮素,即视灌溉水中氮素等同于肥料氮素的情况下,就可以减少氮肥的投入。如果灌溉水中氮素含量很高并对确定施肥量的影响较大,在施肥推荐中必须将这一部分氮素考虑进来,但必须视具体情况而定。在实际生产中可以采用这样一个原则:如果每季作物通过灌溉带入的氮素能够超过 $20kg/hm^2$,那么必须考虑灌溉水带入的氮素对施肥推荐的影响。

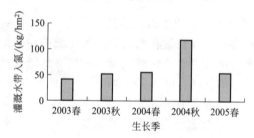

图 6-3　北方保护地番茄春茬每季灌溉水带入氮素量

对于同一个地区,每年通过大气干湿沉降带入土壤的氮素养分量相对稳定,在北京每年通常在 $20\sim60kg/hm^2$,年内和年际变化不大。由于蔬菜作物生育期短,大气输入的土壤氮素数量可能并不多,而且相对于蔬菜这类氮素需求量较高的作物,大气沉降带入的氮素对施肥推荐影响不大,可以作为背景值考虑。

第六节　主要蔬菜的灌溉施肥技术

一、保护地春茬黄瓜

1. 氮肥的推荐施用

根据种植前土壤无机氮含量,对基肥进行了推荐施用,具体见

表 6-1　黄瓜生长发育特点以及土壤 N_{min} 变化特点

阶段	叶龄	生育时期	地上不生长发育特点	地下部	土壤 N_{min} 变化	氮素损失状况
阶段 I	定植至 9 叶	苗期至开花期	干物质积累缓慢阶段	—	逐渐上升阶段	—
阶段 II	9 叶至 22 叶	初瓜期	营养体快速生长时期,果实积累缓慢	根系快速生长时期(水平方向)	快速下降阶段	氮素损失敏感时期(施肥量的 50%～60%)
阶段 III	22 叶至收获	盛瓜期	营养体生长缓慢阶段,果实稳定积累时期	根系缓慢生长;根系的衰退(垂直生长)	逐渐下降阶段	氮素损失较少阶段(施肥量的 40%～50%)

表 6-2　保护地黄瓜基肥推荐施用量

种植前土壤 N_{min} 含量 /(kg/hm²)	需要补充的氮 /(kg/hm²)	推荐有机肥用量(鲜重)/(t/hm²)		
		鸡粪	牛粪	猪粪
50～100	250～200	16～13	83～66	73～58
100～200	200～100	13～7	66～33	58～29
200～300	100～0	7～0	33～0	29～0

表 6-3　黄瓜生育期间阶段管理氮素供应目标值及氮肥施用

阶段	定植后天数	氮素管理策略	氮素吸收量 /(kg/hm²)	最低氮素存留 /(kg/hm²)
阶段 I	0～41	依靠基肥的氮素供应,不需施肥	35～45	—
阶段 II	41～64	氮素供应敏感阶段,以较高的氮素供应强度维持黄瓜较快的生长	80～100	240
阶段 III	6～103	氮素的稳定和均衡供应	160～180	200

阶段	氮素损失 /%	施肥次数	分次氮素供应目标值 /(kg/hm²)	总氮素供应目标值 /(kg/hm²)
阶段 I	—	—	—	—
阶段 II	50～60	2(次/10 天)	260～320	360～400
阶段 III	40～50	5(次/10 天)	245～254	424～470

表 6-1。黄瓜生长期间的氮肥管理可划分为三个阶段，分别为定植到 9 叶左右（阶段 I，这一阶段处于苗期和开花期），9 叶至 22 叶（阶段 II，这一阶段为初瓜期），21 叶至收获（阶段 III，盛瓜期至收获）。各阶段的氮肥管理见表 6-2 和表 6-3。氮肥推荐施用量可以通过氮素供应目标值与施肥前的土壤无机氮含量的差值来计算。

2. 磷钾肥的推荐施用

磷肥用量根据土壤肥力水平施用 $200 \sim 400kg/hm^2$（以 P_2O_5 计），可一次性基施。钾肥推荐用量为 $300 \sim 500kg/hm^2$（以 K_2O 计），30％基施，70％追施。

3. 黄瓜需水量以及推荐灌水量

黄瓜的灌水量根据需水量分为三个时期，灌水量可根据需水量与根层土壤水含量之差来计算。从定植到根瓜，黄瓜的需水量为 1575 方/公顷，从根瓜到结束为 2850 方/公顷，每 5 ~ 10 天灌一次水，灌水时间应根据气候条件而定。

二、番茄

番茄植株的干物质增加量随着生育的进程而在逐渐增加，达到最大增加量后逐渐降低。番茄植株对 NPK 养分的吸收与干物质变化趋势相一致，先增加，达到最大吸收量后逐渐降低。从不同试验结果可以看出，番茄对 K 的吸收大于 N 和 P 量。番茄磷的吸收量不多，幼苗期是磷营养的临界期。在移栽后第 4 ~ 5 周番茄植株对 N 和 K 的吸收开始迅速增加，与干物质快速增加的时期相同，但高峰期持续时间在不同栽培管理、不同季节以及不同品种条件下差异较大，为 5 ~ 15 周，占全生育期累积总量的 70％ ~ 90％，期间每周最大的增加量可占全生育期累积总量的 4％ ~ 18％，在移栽后 7 ~ 11 周内。

番茄水肥管理技术如表 6-4 所示。

番茄氮素的供应以调控为主，将根层无机氮的供应控制在一个合理范围。通过北方 3 年 6 茬的田间试验，目标产量为 80 吨/公顷时，番茄生育期内根层氮素供应（施肥前 0 ~ 30cm 土壤无机氮/硝

表 6-4　番茄水肥管理技术

	生育期	开花期	第一至第三穗果膨大期	第四至第六穗果膨大期	采收后期
氮素供应目标值[①]/(kg/hm²)	春茬	200	200＋50	200	不再施肥
	秋茬	200	200	200＋50	不再施肥
灌溉制度（田间持水量%）/mm	春茬	80%～90%蹲苗	60%～85%30～45mm/10 天	60%～85%30～45mm/10 天	60%～85%30～45mm/10 天
	秋茬	80%～90%30～45mm/10 天	60%～85%30～45mm/10 天	60%～85%30～45mm/10 天	不再灌溉

① 施氮量＝氮素供应目标值－施肥前 0～30cm 土壤无机氮/硝态氮－灌溉水带入硝态氮。

态氮＋灌溉水带入硝态氮＋施氮量）维持在 200kg/hm² 即可，但不同茬口有所不同（表 6-4）。

春茬是一个温度逐渐升高的过程。苗期（2 月）番茄对氮素的需求不大，氮素供应维持在 200kg/hm²，此时番茄需水量不大并且温度低、蒸腾弱，根层土壤水分维持在田间持水量的 80%～90% 就可以满足苗期番茄对水分的需求，以蹲苗为主。进入果穗膨大期番茄对水肥需求量大，是产量形成关键期。第一至第三穗果膨大期温度低，土壤矿化速率较慢，需要一个较高的氮素供应强度，氮素供应目标值提高到 250kg/hm²，第四至第六穗果膨大期温度高，土壤矿化速率较快，氮素供应目标值维持在 200kg/hm²。果穗膨大期土壤含水量保持在田间持水量的 60%～85%，少量多次，每隔 10 天灌溉 1 次，每次灌溉量为 30～45mm。春茬后期进入夏季，温度很高，可适当增加 1 次灌溉调节棚内小气候。

秋茬是一个温度逐渐降低的过程。苗期（8 月）番茄对氮素的需求不大，氮素供应维持在 200kg/hm²，此时番茄需水量不大但温度较高，棵间蒸发量大，根层土壤水分保持在田间持水量的 80%～90%，适当增加 1～2 次灌溉，每次灌溉量 30～45 毫米。第一至第三穗果膨大期土壤温度高，土壤矿化速率较快，土壤供氮能力强，氮素供应目标值维持在 200kg/hm²，第四至第六穗果膨大期温度降低，土壤矿化速率较慢，为确保番茄高产，氮素供应目标值适当提高，达到 250kg/hm²。果穗膨大期土壤含水量保持在田间持水量的 60%～85%，少量多次，每隔 10 天灌溉 1 次，每次灌溉量为 30～45mm。秋茬后期进入冬季，温度较低，番茄队水分需求以及蒸发量小，可以不再灌溉。

磷钾肥的施用以衡量监控为主，即在整个生育期维持一定供应强度（表 6-5）。一般磷肥 50% 基施，50% 追施；钾肥 30% 基施，70% 追施。

表 6-5　菜田土壤分级以及磷钾肥投入

土壤有效磷/(mg/kg)		土壤速效钾/(mg/kg)	分级	P_2O_5/K_2O 投入量
露地	保护地			
0～20	0～50	0～80	低	番茄带走量的 2 倍
20～60	50～120	80～150	中	番茄带走量的 1.5 倍
>60	>120	>150	高	番茄带走量的 1 倍

北方设施番茄水肥一体化技术模式如下。

1. 冬春茬番茄建议水肥管理技术模式

（1）定植时按要求每亩施有机肥 3～4 方，有条件的可以进行秸秆铡碎还田或者穴施生物有机肥；不要浇大水，如果担心大水灌导致地温太低，可结合浇棵方式进行，一般定植水每亩 30～40 方。

（2）在栽后一个月左右时，浇水一次，灌溉量每亩 30 方；如果前期灌溉量太大，可适当每亩补充尿素或者复合肥 5～7kg，以后隔 10～15 天后再小浇一水，灌溉量为每亩 15～18 方。

（3）待番茄第一穗果实直径 2～3cm 大小前，可适度控水蹲苗，防止徒长。待第一穗长至"乒乓球"大小时再开始进行灌水追肥，一次浇水量每亩 16～20 方。前期由于植株小、果实少，植株需肥量较小，因此只进行灌水而不追肥。待进入第二穗果膨大期，开始进行追肥，由于底肥施用磷肥，前期无需施用磷肥，一般每亩施用尿素 7.5kg 和硫酸钾 10kg。此后每隔 10～15 天，追肥一次，一般每亩施用尿素 7.5kg、硫酸钾 10kg，共追 3～4 次。

（4）在番茄进入采收期后，为防止果实青皮，应停止追肥，每隔 7～10 天，浇水一次，灌溉量为每亩 15～18 方。

（5）浇水施肥时应注意掌握"阴天不浇晴天浇，下午不浇上午浇"的原则。

2. 秋冬茬番茄建议水肥管理技术模式

（1）夏季休闲期间最好进行石灰氮－秸秆消毒，并进行闷棚，具体操作步骤见"秸秆－石灰氮土壤消毒技术"；如果进行石灰氮－秸秆消毒，可以相应减少一半的有机肥投入；如果没有进行石灰氮－秸秆消毒，建议翻地前每亩撒施秸秆 500～800kg。

（2）秋冬茬番茄定植初期，外界温度高、光照强，宜小水勤浇，大水漫灌易发生立枯病和疫病等。水肥一体化可有效减少每次灌水量，且在高温干旱时期，可以通过减少灌水量、增加灌溉次数来调节田间小气候。

（3）番茄定植浇大水一次，灌溉量每亩 40～50 方，从番茄定植到幼苗 7～8 片真叶展开、第一花序现蕾后，再浇大水一次，灌溉量每亩 30～40 方。之后直至第一穗果实直径 2～3cm 大小前，可适度控水蹲苗，防止徒长。

（4）当第一穗果长至"乒乓球"大小时再开始进行灌水追肥，一次浇水量每亩 20 方左右。第一至二穗果时期，由于植株需肥量较小，而此时土壤温度较高，土壤供肥能力较强，因此前期为降低棚内土壤温度只进行少量灌溉而不追肥。当番茄进入第二穗果膨大期，植株生长迅速，需肥量增大，开始进行追肥，由于底肥充足和土壤供肥能力强，前期无需施肥，进入第三穗果膨大期后，植株生长旺盛，下部果实较多，植株需肥量增加，一般每 7～10 天每亩追施尿素 7.5kg 和硫酸钾 8kg，一般共追肥 3～4 次，9 月下旬至 11 月初是追肥关键期。

（5）进入冬季后，外界气温和光照强度逐渐降低，番茄生长速度逐渐减缓，加之为保证棚温，农民开始拉封口、盖草苦，如果灌水较多，放风不及时，棚内湿度过大，容易发生病虫害；施肥较多则容易产生青皮。进入深冬，如果遇到连续阴天天气，水分蒸发慢，为防止棚内湿度过大，灌水间隔可以延长至 20～25 天。因此，入冬后，田间浇水、施肥量应逐渐减少。

（6）浇水时应注意掌握"阴天不浇晴天浇，下午不浇上午浇"的原则。

3. 注意事项

（1）适合水肥一体化的肥料必须完全溶于水、含杂质少，流动性好，不会堵塞过滤器和滴头滴孔；肥液的酸碱度为中性至微酸性，能与其他肥料混合。

（2）保护地栽培、露地瓜菜种植一般选择小管出流/滴灌施肥系统，施肥装置保护地一般选择文丘里施肥器、压差式施肥罐。

（3）正常灌溉15～20分钟后再施肥，施肥时打开管的进、出水阀，同时调节调压阀，使灌水施肥速度正常、平稳；每次运行，施肥后应保持灌溉20～30分钟，防止滴头被残余肥液蒸发后堵塞。

（4）系统间隔运行一段时间，应打开过滤器下部的排污阀放污，施肥罐底部的残渣要经常清理；如果水中含钙镁盐溶液浓度过高，为防止长期灌溉生成钙质结核引起堵塞，可用稀盐酸中和清除堵塞。

（5）按一定的配方用单质肥料自行配制营养液通常更为便宜；养分组成和比例可以依据不同作物或不同生育期进行调整。

（6）灌溉施肥过程中，若发现供水中断，应尽快关闭施肥阀门，为防止含肥料溶液倒流。

（7）灌溉施肥过程中需经常检查是否有跑水问题，检查肥水是否灌在根区附近。

（8）灌溉设备一般请工程师安装，日常维护很重要。

（9）请勿踩压、锐折支管，小心锐器触碰管道，以防管道折、裂、堵塞，流水不畅；作物收获完后，用微酸水充满灌溉系统并浸泡5～10分钟，然后打开毛管、支管堵头，放水冲洗一次，收起妥善存放；毛管和支管不要折，用完后，支管圈成圆盘，堵塞两端存放。毛管集中捆束在一起，两头用塑料布包裹，伸展平放。

三、生菜

生菜喜冷凉。整个生长期需水量大。适宜移栽于有机质丰富、保水保肥能力强的黏壤或壤土中。喜微酸性土壤，适宜土壤pH为6左右。根系属直根系须根发达，根系浅而密集，主要分布在土壤表层20～30cm内。生菜生长迅速，喜氮肥，特别是生长前期更甚。生菜生长初期生长量少，吸肥量较小。在播后70～80天进入结球期，养分吸收量急剧增加，在结球期的1个月左右里，氮的吸收量可以占到全生育期的80%以上。磷、钾的吸收与氮相似，尤其是钾的吸收，不仅吸收量大，而且一直持续到收获。结球期缺钾，严重影响叶重。幼苗期缺磷对生长影响最大。

水肥管理技术介绍如下。

春季露地栽培定植后生育期一般在50～60天。正常气候条件下生育期内需水量200～250mm。施肥量为N 10～15千克/亩，P_2O_5 3～6千克/亩，K_2O 10～20千克/亩，基肥施入有机肥2～3方/亩，磷肥可随有机肥一起全部基施，具体的施肥量根据目标产量和土壤肥力的高低进行调节；春季气温较低时，水量宜小，浇水间隔的日期长。生长盛期需水量多，要保持土壤湿润。叶球形成后，要控制浇水，防止水分不均造成裂球和烂心。保护地栽培开始结球时，浇水既要保证植株对水分的需要，又不能过量，控制田间湿度不宜过大，以防病害发生。具体的灌溉施肥方法见表6-6所示。氮肥苗期选择硫酸铵，后期可选择尿素或硫酸铵，磷肥施用普钙，钾肥选择硫酸钾，有条件可选择磷酸二氢钾。

表 6-6 露地生菜水肥管理制度

生育时期	施肥量/（千克/亩）		灌溉量/（毫米/次）	备 注
	N	K_2O		
苗期	1～1.5	1～2	15～18	定植后5～6天第一次灌溉施肥，以后每隔5～6天灌溉施肥一次。土壤适宜湿度下限为田间持水量的70%，上限为田间持水量
团棵期	4～6	4～8	15～20	每隔3～4天灌溉施肥一次。土壤适宜湿度下限为田间持水量的80%，上限为田间持水量
结球期	5～7.5	5～10	15～20	
总计	10～15	10～20	200～250	

第七章　菜田土壤-植株主要养分测定技术

第一节　菜田土壤有机质测定

菜田土壤有机质包括处于不同分解阶段死亡的各种动植物残体，它是土壤中各种营养元素特别是氮、磷的重要来源，含有刺激植物生长的胡敏酸类物质，既是土壤中异养型微生物的能源物质，也是形成土壤结构的重要因素，是土壤肥力高低的重要指标之一。

土壤有机质代表着菜田土壤供肥的潜在能力及稳产性。有机质含量高的土壤供肥潜力大，抗逆性强。土壤有机质含量与存在形态取决于气候、母质、生物残体、地形、时间等因素，这些因素不同，土壤有机质含量差异很大，高者达 40g/kg，低的不足 6g/kg。全国第二次土壤普查将土壤有机质含量分为六级，分级标准见下表 7-1。

表 7-1　全国土壤有机质分级标准及分级面积百分数

级别	一级	二级	三级	四级	五级	六级
有机质含量/(g/kg)	>40	40~30	30~20	20~10	10~6	<6

土壤有机质测定的经典方法是干烧法，优点是不受外界干扰，结果准确，可作为标准方法校核。但需要特殊的仪器设备，费时，不适于大量样品分析。目前使用比较普遍的是容量分析法，操作简便、快速，适用于大量样品分析。样品前处理有电砂浴法、油浴法、恒温消煮法、水合热法。其中电砂浴法为国标法，该方法简单、准确，但不适于大量样品分析；油浴法使用较普遍，操作简便快速，适于大批量样品分析，但污染环境；恒温消煮法简便快速，避免了环境污染；水合热法操作方便，但有时有机质的氧化程度较低，且受室温影响较大。本次实验选用油浴法。

一、油浴加热—重铬酸钾容量法

1. 适用范围

本方法适用于测定有机质含量低于 150g/kg 的土壤有机质的测定。

2. 方法原理

用过量的 $K_2Cr_2O_7$-H_2SO_4 溶液与土样在高温（170～180℃）下作用。$K_2Cr_2O_7$ 即将有机质中的 C 氧化成 CO_2，根据化学反应中的"等物质的量规则"，$K_2Cr_2O_7$ 中的 Cr^{6+}（橙红色）也被等量地还原成 Cr^{3+}（草绿色），过量的 $K_2Cr_2O_7$ 用已知浓度的 $FeSO_4$ 溶液滴定，则所消耗的 $FeSO_4$ 的物质的量，应与过量 $K_2Cr_2O_7$ 的物质的量相等，这一部分物质量和最初所加入的 $K_2Cr_2O_7$ 的全部物质的量之差，即是与土样有机碳的反应时所消耗了的物质的量，也就等于有机碳的物质的量。通过计算即可得出土壤中有机碳的含量。由于土壤有机质中 C 的含量平均为 58%，再乘以常数 1.724，即为土壤有机质含量。但在本方法中，有机碳的氧化率一般只能达到 90% 左右，故在结果中还应乘以校正系数 1.1。

其反应式如下。

重铬酸钾－硫酸溶液与有机质作用：

$$2K_2Cr_2O_7 + 3C + 8H_2SO_4 \longrightarrow$$
$$2K_2SO_4 + 2Cr_2(SO_4)_3 + 3CO_2 \uparrow + 8H_2O$$

硫酸亚铁滴定剩余重铬酸钾的反应：

$$K_2Cr_2O_7 + 6FeSO_4 + 7H_2SO_4 \longrightarrow$$
$$K_2SO_4 + Cr_2(SO_4)_3 + 3Fe_2(SO_4)_3 + 7H_2O$$

3. 试剂配制

（1）0.4mol/L $K_2Cr_2O_7$-H_2SO_4 溶液：准确称取分析纯重铬酸钾（$K_2Cr_2O_7$）39.23g 溶于 500ml 蒸馏水中，冷却后稀释至 1L，然后缓慢加入相对密度为 1.84 的浓硫酸（H_2SO_4）1000ml，并不断搅拌，待冷后存于试剂瓶中备用。

（2）0.2mol/L $FeSO_4$ 标准溶液：准确称取分析纯硫酸亚铁（$FeSO_4 \cdot 7H_2O$）56g，溶解于蒸馏水中，加 3mol/L 的硫酸（H_2SO_4）60ml，然后加水稀释至 1L。使用前此溶液的标准浓度，可以用标准重铬酸钾溶液标定。

标定方法：吸取 0.1000mol/L 重铬酸钾标准溶液 20.0ml 于 250ml 三角瓶中，加浓硫酸 3～5ml，邻啡罗啉指示剂 3～5 滴，用硫酸亚铁标准液滴定、计算。

$FeSO_4$ 浓度＝20.0×0.1000/$FeSO_4$ 滴定体积（ml）

（3）邻啡罗啉指示剂：称取分析纯邻啡罗啉 1.485g，溶于含有 0.700g 硫酸亚铁的 100ml 蒸馏水中，贮于棕色滴瓶中。

（4）0.1000mol/L 重铬酸钾标准液：准确称取经 130℃烘干 2～3 小时重铬酸钾（优级纯）4.904g，先用少量蒸馏水溶解，然后定容 1L。

4. 仪器设备

电炉：1000W，可调温度。

油浴锅：小铝锅，内装石蜡或植物油。

硬质试管：25mm×200mm。

铁丝笼：与油浴锅配套，内有小格可插一支试管。

滴定管：25～50ml。

温度计：300℃。

分析天平：万分之一。

三角瓶：250ml。

吸耳球。

5. 分析步骤

（1）在分析天平上准确称取通过 0.25mm 孔径筛的风干土壤样品 0.05～0.5g（精确到 0.0001g），用长条腊光纸把称取的样品全部倒入干的硬质试管中，用移液管缓缓准确加入 0.4mol/L 重铬酸钾—硫酸（$K_2Cr_2O_7$-H_2SO_4）溶液 10ml，摇匀，然后在试管口加一小漏斗。

（2）预先将油浴锅加热至 185～190℃，将试管放入铁丝笼中，然后将铁丝笼放入油浴锅中加热，放入后温度应控制在 170～180℃，待试管中液体沸腾时开始计时，煮沸 5 分钟，取出试管，稍冷，擦净试管外部油液。

（3）冷却后，将试管内容物小心仔细地全部洗入 250ml 的三角瓶中，使瓶内总体积在 60～70ml，保持其中硫酸浓度为 1～

1.5mol/L，此时溶液的颜色应为橙黄色或淡黄色。然后，加邻啡罗啉指示剂3～4滴，用0.2mol/L的标准硫酸亚铁（$FeSO_4$）溶液滴定，溶液由黄色经过淡绿色、绿色突变为棕红色即为终点。

（4）在测定样品的同时必须做两个空白试验，取其平均值。可用0.5g石英砂代替样品，其他过程同上。

6. 结果计算

有机质(g/kg)＝$(V_0-V)c\times0.003\times1.724\times1.10\times1000/m$

式中　V_0——空白试验消耗硫酸亚铁标准液体积，ml；

　　　V——测定试样消耗硫酸亚铁标准液体积，ml；

　　　c——硫酸亚铁标准液的浓度，mol/L；

　　　m——试样的质量，g。

　0.003——1/4碳原子的摩尔质量数（1mol的$K_2Cr_2O_7$可氧化3/2mol的C，滴定1mol $K_2Cr_2O_7$，可消耗6mol $FeSO_4$，则消耗1mol $FeSO_4$即氧化了$3/2\times1/6C$＝1/4C＝3），g/mol；

　1.724——由有机碳换算为有机质的系数（有机质中碳的平均含量为58%，故58g碳约等于100g有机质，1g碳约等于1.724g有机质）；

　1.10——氧化校正系数（在本方法中，有机质氧化率平均为90%，所以氧化校正常数为100/90，即为1.1）；

　1000——换算成每千克含量。

平行测定结果用算术平均值表示，保留3位有效数字。

7. 精密度

平行测定结果允许相差：有机质含量小于10g/kg时，允许绝对相差＜0.5g/kg；有机质含量为10～40g/kg时，相差＜1.0g/kg；含量为40～70g/kg时，相差＜3.0g/kg；含量大于100g/kg时，相差＜5.0g/kg。

8. 注意事项

（1）根据样品有机质含量决定称样量。有机质含量大于50g/kg的土样称取0.1g，20～40g/kg的称取0.3g，少于20g/kg的可称取0.5g。

（2）消化煮沸时，必须严格控制时间和温度。

（3）本方法不适于含氯化物较高的土壤。对含有氯化物低的样品，可加少量硫酸银除去其影响。对水稻土和长期渍水的土壤，由于含有较多的还原物质，可消耗重铬酸钾，使测定结果偏高。

（4）一般滴定时消耗硫酸亚铁量不小于空白用量的1/3，否则，氧化不完全，应弃去重做。消煮后溶液以绿色为主，说明重铬酸钾用量不足，应减少样品量重做。

（5）有机质含量一般以烘干土计算，故应测出含水量换算成烘干土质量。

二、稀释热法或水合热法测定

1. 测定原理

利用浓硫酸和重铬酸钾迅速混合时所产生的热来氧化有机质，以代替油浴加热，操作更方便。由于产生的热，温度低，但对有机质氧化程度较低，只有77%。$K_2Cr_2O_7$ 将有机质中的 C 氧化成 CO_2，$K_2Cr_2O_7$ 中的 Cr^{+6}（橙红色）也被等量地还原成 Cr^{+3}（草绿色），过量的 $K_2Cr_2O_7$ 用已知浓度的 $FeSO_4$ 溶液滴定，则所消耗的 $FeSO_4$ 的物质的量，应与过量 $K_2Cr_2O_7$ 的物质的量相等，这一部分物质量和最初所加入的 $K_2Cr_2O_7$ 的全部物质的量之差，即是与土样有机碳的反应时所消耗了的物质的量，也就等于有机碳的物质的量。通过计算即可得出土壤中有机碳的含量。由于土壤有机质中碳的含量平均为58%，再乘以常数1.724，即为土壤有机质含量。在本方法中，有机碳的氧化率一般只能达到77%左右，故在结果中还应乘以校正系数1.33。

2. 测定步骤

（1）称样　准确称取0.5000g土壤样品于500ml的三角瓶中。

（2）加氧化剂　准确加入1mol/L $K_2Cr_2O_7$ 溶液10ml于土壤样品中，转动瓶子使之混合均匀。然后，加浓硫酸20ml，将三角瓶缓缓转动1分钟，促使混合以保证试剂与土壤充分作用。

（3）放置　并在石棉板上放置约30分钟。

（4）加水稀释，滴定　加水稀释至250ml，加 2-羧基代二苯胺指示剂12～15滴，然后用0.5mol/L $FeSO_4$ 标准溶液滴定之，其终点为灰蓝绿色。或加3～4滴邻啡罗啉指示剂，用0.5mol/L

FeSO₄标准溶液滴定之近终点时，溶液颜色由绿色变成暗绿色逐滴加入 FeSO₄ 直至生成砖红色为止。

注意：用同样的方法做空白试验（即不加土样）。

3. 结果计算

$$土壤有机质\% = \{[(V_0 - V)C_{Fe} \times 0.003 \times 1.33] \times 100\% / 烘干土重\} \times 1.724$$

式中　V_0——空白标定时所消耗 FeSO₄ 溶液的体积（ml）；

　　　V——土样测定时所消耗 FeSO₄ 溶液的体积（ml）；

　　C_{Fe}——FeSO₄ 标准溶液的浓度。

　0.003——碳的毫克当量；

　1.724——由有机碳换算成有机质的因数（按土壤有机质平均含碳 58% 计算）；

　1.33——氧化校正系数。

4. 注意事项

同重铬酸钾容量法测定实验。

5. 试剂配置

（1）1mol/L $K_2Cr_2O_7$ 溶液　称纯 $K_2Cr_2O_7$ 49.04g，溶于约 1000ml 蒸馏水中，定容至 1L。

（2）0.5mol/L FeSO₄ 标准溶液　称取 140g FeSO₄·7H₂O 溶于水中，加入 15ml 浓 H_2SO_4，然后加水稀释成 1000ml。以 0.1 mol/L $K_2Cr_2O_7$ 标准溶液进行标定。

（3）邻二氮菲亚铁指示剂　称取邻二氮菲（$C_{12}H_3N_2$）1.49g 及 FeSO₄·7H₂O 0.7g，溶于 100ml 蒸馏水中，贮存在棕色瓶中。

第二节　菜田土壤硝态氮的测定

一、方法概述

土壤中的无机态氮包括 NH_4^+-N 和 NO_3^--N，土壤无机氮常采用 Zn-FeSO₄ 或戴氏合金（Devarda′s alloy）在碱性介质中把 NO_3^--N 还原成 NH_4^+-N，使还原和蒸馏过程同时进行，方法快速（3～5 分钟）、简单，也不受干扰离子的影响，NO_3^--N 的还原率为 99%

以上，适合于石灰性土壤和酸性土壤。

土壤 NH_4^+-N 测定主要分直接蒸馏和浸提后测定两类方法。直接蒸馏可能使结果偏高，故目前都用中性盐（K_2SO_4、KCl、NaCl）浸提，一般多采用 2mol/L KCl 溶液浸出土壤中 NH_4^+，浸出液中的 NH_4^+，可选用蒸馏、比色或氨电极等法测定。

浸提蒸馏法的操作简便，易于控制条件，适合 NH_4^+-N 含量较多的土壤。

用氨气敏电极测定土壤中 NH_4^+-N，操作简便，快速，灵敏度高，重复性和测定范围都很好，但仪器的质量必须可靠。

土壤中的 NO_3^--N 的测定，可先用水或中性盐溶液提取，要求制备澄清无色的浸出液。在所用的各种浸提剂中，以饱和 $CaSO_4$ 清液最为简便和有效。浸出液中 NO_3^--N 可用比色法、还原蒸馏法、电极法和紫外分光光度法等测定。

比色法中的酚二磺酸法的操作手续虽较长，但具有较高的灵敏度，测定结果的重现性好，准确度也较高。

还原蒸馏法是在蒸馏时加入适当的还原剂，如戴氏（Devarda）合金，将土壤中 NO_3^--N 还原成 NH_4^+-N 后，再进行测定。此法只适合于含 NO_3^--N 较高的土壤。

用硝酸根电极测定土壤中 NO_3^--N 较一般常规法快速和简便。虽然土壤浸出液有各种干扰离子和 pH 的影响以及液膜本身的不稳定等因素的影响。但其准确度仍相当于 Zn-$FeSO_4$ 还原法，而且有利于流动注射分析。

紫外分光光度法，虽然灵敏、快速，但需要价格较高的紫外分光光度计。

有效氮的同位素测定法，也属生物方法。它是用质谱仪测定施入土壤中的标记 ^{15}N 肥料进行的。由于目前影响有效氮 "A" 值的因素不清楚，且同位素 ^{15}N 的生产成本很高，试验只能小规模进行；测定用的质谱仪，价格贵，操作技术要求高等因素限制了它的应用。

二、土壤硝态氮的测定

（一）酚二磺酸比色法

1. 方法原理

土壤浸提液中的 $NO_3^- $ -N 在蒸干无水的条件下能与酚二磺酸试剂作用，生成硝基酚二磺酸。

$$C_6H_3OH(HSO_3)_2 + HNO_3 \longrightarrow C_6H_2OH(HSO_3)_2NO_2 + H_2O$$

　2,4-酚二磺酸　　　　　　　　　　　6-硝基酚-2,4-二磺酸

此反应必须在无水条件下才能迅速完成，反应产物在酸性介质中无色，碱化后则为稳定的黄色溶液，黄色的深浅与 NO_3^- -N 含量在一定范围内成正相关，可在 400～425nm 处（或用蓝色滤光片）比色测定。酚二磺酸法的灵敏度很高，可测出溶液中 0.1mg/L NO_3^- -N，测定范围为 0.1～2mg/L。

2. 主要仪器

分光光度计、水浴锅、瓷蒸发皿。

3. 试剂

$CaSO_4 \cdot 2H_2O$（分析纯）

$CaCO_3$（分析纯）

$Ca(OH)_2$（分析纯）

$MgCO_3$（分析纯）

Ag_2SO_4（分析纯）

1：1 NH_4OH

活性炭（不含 NO_3^-）。

酚二磺酸试剂：称取白色苯酚（C_6H_5OH，分析纯）25.0g 置于 500ml 三角瓶中，以 150ml 纯浓 H_2SO_4 溶解，再加入发烟 H_2SO_4 75ml 并置于沸水中加热 2 小时，可得酚二磺酸溶液，储于棕色瓶中保存。使用时注意其强烈的腐蚀性。如无发烟 H_2SO_4，可用酚 25.0g，加浓 H_2SO_4 225ml，沸水加热 6 小时配制。试剂冷后可能析出结晶，用时重新加热溶解，但不可加水，试剂必须贮于密闭的玻塞棕色瓶中，严防吸湿。

$10\mu g/mL$ NO_3^- -N 标准溶液：准确称取 KNO_3（二级）0.7221g 溶于水，定容 1L，此为 $100\mu g/mL$ NO_3^- -N 溶液，将此液准确稀释 10 倍，即为 $10\mu g/mL$ NO_3^- -N 标准溶液。

4. 操作步骤

（1）浸提

称取新鲜土样^(注1)50g 放在 500ml 三角瓶中，加入 $CaSO_4 \cdot 2H_2O$ 0.5g^(注2)和 250ml 水，盖塞后，用振荡机振荡 10 分钟。放置 5 分钟后，将悬液的上部清液用干滤纸过滤，澄清的滤液收集于干燥洁净的三角瓶中。如果滤液因有机质而呈现颜色，可加活性炭除之^(注3,注4)。

（2）测定

吸取清液 25～50ml（含 $NO_3^- $-N 20～150$\mu g$）于瓷蒸发皿中，加 $CaCO_3$ 约 0.05g^(注5)，在水浴上蒸干^(注6)，到达干燥时不应继续加热。冷却，迅速加入酚二磺酸试剂 2ml，将皿旋转，使试剂接触到所有的蒸干物。静止 10 分钟使其充分作用后，加水 20ml，用玻璃棒搅拌直到蒸干物完全溶解。冷却后缓缓加入 1：1 NH_4OH^(注7)并不断搅混匀，至溶液呈微碱性（溶液显黄色）再多加 2ml，以保证 NH_4OH 试剂过量。然后将溶液全部转入 100ml 容量瓶中，加水定容^(注8)。在分光光度计上用光径 1cm 比色杯在波长 420nm 处比色，以空白溶液作参比，调节仪器零点。

（3）$NO_3^- $-N 工作曲线绘制

分别取 10μg/mL $NO_3^- $-N 标准液 0、1、2、5、10、15、20ml 于蒸发皿中，在水浴上蒸干，与待测液相同操作，进行显色和比色，绘制成标准曲线，或用计算器求出回归方程。

5. 结果计算

$$土壤中 NO_3^- \text{-N 含量}(mg/kg) = \frac{\rho(NO_3^- \text{-N}) \times V \times ts}{m}$$

式中　$\rho(NO_3^- $-N)——从标准曲线上查得（或回归所求）的显色液 $NO_3^- $-N 质量浓度（$\mu g \cdot mL$）；

　　　　V——显色液的体积（ml）；

　　　　ts——分取倍数；

　　　　m——烘干样品质量，g。

6. 注释

注 1. 硝酸根为阴离子，不为土壤胶体吸附，且易溶于水，很易在土壤内部移动，在土壤剖面上下层移动频繁，因此测定硝态氮时注采样深度。即不仅要采集表层土壤，而且要采集心土和底土，采样深度可达 40cm、60cm 以至 120cm。试验证明，旱地土壤上分析全剖面的硝态氮含量能更好地反映土壤的供氮水平。和表层土壤比较，则全剖面的硝态氮含量与生物反应之间有更好的相关性，土壤经风干或烘干易引起 NO_3^--N 变化，故一般用新鲜土样测定。

注 2. 用酚二磺酸法测定硝态氮，首先要求浸提液清澈，不能混浊，但是一般中性或碱性土壤滤液不易澄清，且带有机质的颜色，为此在浸提液中应加入凝聚剂。凝聚剂的种类很多，有 CaO、$Ca(OH)_2$、$CaCO_3$、$MgCO_3$、$KAl(SO_4)_2$、$CuSO_4$、$CaSO_4$ 等，其中 $CuSO_4$ 有防止生物转化的作用，但在过滤前必须以氢氧化钙或碳酸镁除去多余的铜，因此以 $CaSO_4$ 法提取较为方便。

注 3. 如果土壤浸提液由于有机质而有较深的颜色，则可用活性炭除去，但不宜用 H_2O_2，以防最后显色时反常。

注 4. 土壤中的亚硝酸根和氯离子是本法的主要干扰离子。亚硝酸和酚二磺酸产生同样的黄色化合物，但一般土壤中亚硝酸含量极少，可忽略不计。必要时可加少量尿素、硫脲和氨基磺酸（20g/L NH_2SO_3H）以除去之。例如亚硝酸根如果超出了 $1\mu g/mL$ 时，一般每 10ml 待测液中加入 20mg 尿素，并放置过夜，以破坏亚硝酸根。

检查亚硝酸根的方法：可取待测液 5 滴于白瓷板上，加入亚硝酸试粉 0.1g，用玻璃棒搅拌后，放置 10 分钟，如有红色出现，即有 1mg/L 亚硝酸根存在。如果红色极浅或无色，则可省去破坏亚硝酸根流程。

$$NO_3^- + 3Cl^- + 4H^+ \longrightarrow NOCl + Cl_2 + 2H_2O$$

亚硝酰氯

Cl^- 对反应的干扰，主要是加酸后生成亚硝酰氯化合物或其他氯的气体。如果土壤中含氯化合物超过 15mg/kg，则必须加 Ag_2SO_4 除去，方法是每 100ml 浸出液中加入 Ag_2SO_4 0.1g（0.1g Ag_2SO_4 可沉淀 22.72mg Cl^-），摇动 15 分钟，然后加入 $Ca(OH)_2$ 0.2g 及 $MgCO_3$ 0.5g，以沉淀过量的银，摇动 5 分钟后过滤，继续按蒸干显色步骤进行。

注 5. 在蒸干过程中加入碳酸钙是为了防止硝态氮的损失。因为在酸性和中性条件下蒸干易导致硝酸离子的分解，如果浸出液中含铵盐较多，更易产生负误差。

注 6. 此反应必须在无水条件下才能完成，因此反应前必须蒸干。

注 7. 碱化时应用 NH_4OH，而不用 $NaOH$ 或 KOH，是因为 NH_3 能与 Ag^+ 络合成水溶性的 $[(NH_3)_2]^+$，不致生成 Ag_2O 的黑色沉淀而影响比色。

注 8. 在蒸干前，显色和转入容量瓶时应防止损失。

（二）紫外分光光度法

1. 实验原理

土壤浸出液中的 NO_3^-，在紫外分光光度计波长 210nm 处有较高的吸光度，而浸出液中的其他物质，出 OH^-、CO_3^{2-}、HCO_3^-、NO_2^- 和有机质等外，吸光度均很小，将浸出液加酸中和酸化，即可消除 OH^-、CO_3^{2-}、HCO_3^- 的干扰，NO_2^- 一般含量极少，也很容易消除。因此，用校正因数法消除有机质的干扰后，即可用紫外分光光度法直接测定 NO_3^- 的含量。

待测液酸化后，分别在 210nm 和 275nm 处测定吸光度。A_{210} 是 NO_3^- 和以有机质为主的杂质的吸光度；A_{275} 只是有机质的吸光度，因为 NO_3^- 在 275nm 处已无吸收。但有机质在 275nm 处的吸光度比在 210nm 处的吸光度要小 R 倍，故将 A_{275} 校正为有机质在 210nm 处应有的吸光度后，从 A_{210} 中减去，既得 NO_3^- 在 210nm 处的吸光度（ΔA）。

2. 主要仪器设备

紫外-可见分光光度计 石英比色皿 往复式或旋转式振荡计

3. 试剂

H_2SO_4 溶液（1:9）：取 10ml 浓硫酸缓缓加入 90ml 水中。

0.01mol/L 氯化钙浸提剂：称取 2.2g 氯化钙（$CaCl_2 \cdot 6H_2O$）溶于水中，稀释至 1L。

100μg/L 硝态氮标准贮备液：称取 0.7217g 经 105～110℃ 烘干 2 小时的硝酸钾（KNO_3 优级纯）溶于水，定容至 1L，存放于冰箱中。

10μg/L 硝态氮标准溶液：测定当天吸取 10.00ml 硝态氮标准贮备液于 100ml 容量瓶中，用水定容。

4. 操作步骤

称取 10.00g 土壤样品放入 200ml 三角瓶中，加入 50.0ml 氯化钙浸提剂，盖严瓶盖，摇匀，在振荡计上于 20～25℃振荡 30 分钟，过滤。

吸取 25.0ml 滤液于 50ml 三角瓶中，加入 1.00ml 1∶9 H_2SO_4 溶液酸化，摇匀。装入 1cm 的石英比色皿，分别在 210nm 和 2750nm 处测读吸光值，以酸化的浸提剂调节仪器零点。以 NO_3^- 的吸光值（ΔA）通过校准曲线求得测定液中硝态氮的质量浓度。空白测定除不加试样外，其余均用样品测定。

NO_3^- 的吸光值（ΔA）可由下式求得：

$$\Delta A = A_{210} - A_{275} \times R$$

式中，R 为校正因数，是土壤浸出液中杂质（主要是有机质）在 210nm 和 275nm 处吸光度的比值。其确定方法为：A_{210} 是波长 210nm 处浸出液 NO_3^- 的吸收值（$A_{210硝}$）与杂质（主要是有机质）的吸收值（$A_{210杂}$）的总和，即 $A_{210} = A_{210硝} + A_{210杂}$，得出 $A_{210杂} = A_{210} - A_{210硝}$。选取部分土样用酚二磺酸发测得 NO_3^- -N 的含量后，根据土液比和紫外法的工作曲线，即可计算各浸出液应有的 $A_{210硝}$ 值，即可得出 $A_{210杂}$。

A_{275} 是浸出液中杂质（主要是有机质）在 275nm 处的吸收值（因为 NO_3^- 在该波长处已无吸收），它比 $A_{210杂}$ 小 R 倍，即 $A_{210杂} = A_{275} \times R$，得出校正因数 $R = A_{210杂} / A_{275}$。

各不同区域可根据多个土壤测定 R 值的统计平均值，作为其他土壤测试 NO_3^- -N 的校正因数，其可靠性依从于被测土壤的多少，测定的土壤越多，可靠性越大。

校准曲线的绘制：分别吸取 $10\mu g/L$ NO_3^- -N 标准溶液 0、1.00、2.00、4.00、6.00、8.00ml，用氯化钙浸提剂定容至 50ml，即为 0、0.2、0.4、0.8、1.2、$1.6\mu g/L$ 的标准系列溶液。各取 25.00ml 于 50ml 三角瓶中，分别加 1ml 1∶9 H_2SO_4 溶液摇匀，用系列溶液的零浓度调节仪器零点，测 A_{210}，计算 A_{210} 对 NO_3^- -N 浓度的回归方程，或者绘制校准曲线。

5. 结果计算

$$土壤中\ NO_3^- -N\ 含量(mg/kg) = \frac{\rho(NO_3^- -N) \times V \times ts}{m}$$

式中　$\rho(NO_3^- -N)$——从标准曲线上查得（或回归所求）的显色液
　　　　　　　　　　　　　　$NO_3^- -N$ 质量浓度（$\mu g/ml$）；

　　　　　V——显色液的体积（ml）；

　　　　　ts——浸出液稀释倍数；

　　　　　m——试样质量，g。

平行测定结果允许相对误差≤10%。

6. 注意事项

（1）土壤硝态氮含量一般用新鲜样品测定，如需以硝态氮加铵态氮反映无机氮含量，则可用过 2mm 筛的风干样品测定，但需标明为风干基。

（2）一般土壤中 NO_2^- 含量很低，不会干扰 $NO_3^- -N$ 的测定。如果含量高时，可用氨基磺酸消除，它在 210nm 处无吸收，不干扰 $NO_3^- -N$ 的测定。

（3）若无法用新鲜土壤测定时可将采集回来的新鲜土样在60~70℃下快速烘干后，磨细过筛，待测。不能将新鲜土样冷冻或冷藏后再风干或烘干。

（4）此待测液也可用饱和 $CaSO_4$ 溶液制备。如采用分光光度法同时测定土壤时，可选用吸光度较小的 1mol/L NaCl 溶液为浸提剂，而 2mol/L KCl 溶液本身在 210nm 处吸光度较高，不适合此方法。

（5）浸出液的盐浓度较高，操作时应尽量避免溶液溢出槽外，污染槽的外壁，影响其吸光性。最好用滴管吸取注入槽中。

（6）大批样品测定时，可先测完各液的 A_{210} 值，再测 A_{275} 值，以避免逐次改变波长所产生的仪器误差。

（7）如果吸光度很高（$A>1$）时，可从比色皿中吸出一半待测液，再加一半水稀释，重新测读吸光度，如此稀释至吸光度小于0.8。再按稀释倍数，用氯化钙浸提剂将浸出液准确稀释测定。

（8）不同地区土壤的 R 值略有差异，可按照此法确定。

首先，在某一地区选取代表性土壤样品 20 个（包括不同土壤质地、不同土壤肥力水平的土样，最好选用有田间试验的地块土样），预先测定出各样品中 $NO_3^- -N$ 含量 $[\omega(NO_3^- -N)]$，可采用常规方法（如经典的酚二磺酸吸光光度法）等测定。其次，做一条不同 $NO_3^- -N$ 浓度的工作曲线，在 210nm 处测定。根据此曲线可求出上述 20 个样品的 A'_{210} 值。然后，再用紫外分光光度法测定上述 20 个样品在 210nm 和 275nm 的吸光度，得到 A_{210} 和 A_{275}。按照表 7-2 填写，并根据以下公式 $R = (A_{210} - A'_{210})/A_{275}$ 计算 R 值，最后求出 R 的平均值。如实测 30 个天津、北京、河北的石灰性土壤的平均 R 值为 3.6。

表 7-2　紫外分光光度法测定样品工作表

样号	$\omega(NO_3^- -N)$	A'_{210}	A_{210}	A_{275}	R 值
01					
02					
03					
...					
20					

注：$\omega(NO_3^- -N)$ 由常规方法求得；A'_{210} 根据工作曲线求得。

第三节　菜田土壤有效磷的测定

测定土壤有效磷，可以了解土壤供应磷的情况，结合土壤类型、作物种类、产量指标和栽培管理措施等，在与氮、钾肥料配合的基础上，制定磷肥分配的施用方案。另一方面，测定土壤有效磷也有助于查明土壤对磷的固定能力，从而制订、提高磷肥利用率的有效措施。

土壤有效磷的含量，随土壤类型、特性、气候季节、水旱条件、耕作栽培管理措施等条件的不同而异。有效磷的丰缺分级指标，除上列条件外，还与各作物需磷程度和生育期，其他养分（主要是氮）配合，产量要求以及测定方法、条件等因素有关。用 0.5mol/L $NaHCO_3$，常规法测定的土壤有效磷指标，对大田作物大致如表 7-3 所示。

表 7-3　大田土壤有效磷分级指标

土壤有效磷含量/(mg/kg)	<5	5~10	10~20	>20
土壤供磷水平	严重缺乏	一般	适宜	富足
施磷效果	明显	有效	不稳定	不明显

对集约化很高的设施菜田和果园土壤来说，土壤有效磷指标划分应该适当调整。表 7-4 标准可供参考。

表 7-4　集约化强的农田土壤有效磷分级指标

土壤有效磷含量/(mg/kg)	<10	10~20	20~40	>40
土壤供磷水平	严重缺乏	一般	适宜	富足
施磷效果	明显	有效	不稳定	不明显

一、测定原理

测定土壤有效磷，首先用浸提剂将土壤有效磷浸提出来，然后用钼蓝比色法测定有效磷的含量。

1. 浸提剂的选择

浸提剂的选择，决定于土壤类型和性质。不同浸提剂浸出的磷量不同。浸提剂是否合适，主要应看它的测得值与作物施肥反应的相关性高不高，哪一种浸提剂的测得值与作物施肥反应的相关性最高，它就是最适当的浸提剂。

常见有以下浸提剂：

（1）水：适用于砂性土壤，但浸提能力弱；

（2）CO_2 饱和溶液：测定结果与作物生长的相关性较好，但饱和液配置麻烦；

（3）有机酸、无机酸：适用于酸性土壤，不适于石灰性土壤；

（4）碱性溶液：pH8.5，0.5mol/L $NaHCO_3$，适于中性土壤、石灰性土壤。用此浸提剂的优点：溶液 pH 值为 8.5，溶液中的 Ca^{2+}，Fe^{3+}，Al^{3+} 活度最低，有利于有效磷的提取。另外，溶液中 OH^-，HCO_3^-，CO_3^{2-} 都能将 $H_2PO_4^-$ 代换下来。因此，测定结果与作物生长需求的相关性最高。

2. 测定原理

浸出液中磷的浓度很低，必须用灵敏的钼蓝法比色测定。本实验用钼锑抗法测定 0.5mol/L NaHCO₃ 浸出液中的土壤有效磷，操作简单，结果准确可靠。钼蓝法的原理如下。

在酸性溶液中，正磷酸与钼络合而成钼磷酸：

$$H_3PO_4 + 12H_2MoO_4 \Longrightarrow H_3[P(Mo_3O_{10})_4] + 12H_2O$$

钼磷酸是一种杂多酸，它的铵盐难溶于水，磷较多时即生成黄色沉淀钼磷酸铵，磷很少时并不生成沉淀，甚至溶液也不现黄色。在一定的酸和钼酸铵浓度下，加入适当的还原剂后，钼磷酸中的一部分 +6 价的钼原子被还原到 +5 价，生成一种称为"钼蓝"的物质，这是钼蓝比色法的基础。从这蓝色的深浅可以进行磷的定量，蓝色产生的速度强度、稳定性和其他离子的干扰程度，与所用还原剂和酸的种类，试剂的适宜浓度，特别是酸度有关。

还原剂的种类很多，最常用的是 SnCl₂ 和抗坏血酸。SnCl₂ 法的灵敏度高显色快，但蓝色不稳定，对酸度和试剂浓度的控制要求很严格。干扰离子也较多。抗坏血酸法的主要优点是蓝色很稳定，铁（三价）、砷、硅的干扰很小，但显色慢，需要温热处理。20 世纪 60 年代用的"钼锑抗法"是一种改进的抗血酸法。它在钼酸铵试剂中添加了催化剂酒石酸氧锑钾，这样既具有原法的各优点，又能加速显色反应，在常温下就能迅速显色，锑还参与"钼蓝"络合物的组成，能增强蓝色，提高灵敏度。此法特别适用于含 Fe³⁺ 多的土壤全磷消煮液中磷的测定。此外，钼锑抗试剂是单一的溶液，可以简化操作手续，利用分析方法的自动化。

试剂的适宜浓度，是指比色液中酸和钼酸铵的最终浓度和它们的比例，在测定时必须严格控制。一般地说，钼酸铵的浓度愈高，要求的酸浓度也愈高，而适宜的酸浓度范围则愈窄。如果酸浓度太低，则溶液中可能存在的硅和钼酸铵本身会变成蓝色物质而致磷的测定结果偏高。如果酸浓度太高，则钼蓝的生成延滞而致蓝色显著降低，甚至不显蓝色。此外，还原剂的用量必须控制在一定范围内。在实验中，要求各种试剂在比色液中的最终浓度分别是：H_2SO_4 0.215mol/L，钼酸铵 0.12%，抗坏血酸 0.106%，酒石酸氧锑钾 0.003%。

二、分析步骤

1/100 天平称取 5.00g 风干土样（土粒直径大小 1mm），放入 250ml 三角瓶中，加入 100ml pH8.5 的 0.5mol/L $NaHCO_3$ 和一小勺活性炭加塞在振荡机振荡 30 分钟。用干滤纸过滤，倒掉初滤液再继续过滤，必要时倒回至滤液不浑浊为止。吸取澄清滤液 10.00ml（土壤速效磷高可改用 5ml 或 2ml 滤液，但必须用 0.5mol/L $NaHCO_3$ 浸提剂补足至 10ml）放入 50ml 容量瓶中，沿瓶壁准确加入 5.00ml 钼锑抗试剂不加塞充分摇动，使 CO_2 彻底排除。加水定容、摇匀，放置 30 分钟后用 700nm 波长进行比色。用空白溶液（10.00ml 浸提剂代替浸出液，其余试剂都相同）调节分光光度计的零点。

工作曲线可用 6 份 10.00ml 0.5mol/L $NaHCO_3$，放入 6 个 50ml 容量瓶中，分别加入 5mg/kg P 标准溶液 0、1.0、2.0、3.0、4.0、5.0、6.0ml，按照测定时相同步骤各加 5.00ml，钼锑抗试剂，定容，测定吸收值后绘制。各瓶比色液的磷浓度分别为 0、0.1、0.2、0.3、0.4、0.5、0.6mg/kg。

三、结果计算

由样品溶液比色所得的吸收值在工作曲线上或回归方程上算出相应的比色溶液的含磷量（mg/kg），再按下式计算风干土壤有效磷的 mg/kg 数：

土壤有效磷，mg/kg＝比色液的磷，mg/kg×稀释倍数，在本操作步骤中土壤稀释倍数为：

$$(100/5) \times (50/10) = 100$$

则，   土壤有效磷＝比色溶液含磷量(mg/kg)×100

四、仪器设备

空气浴振荡器、扭力天平、分光光度计、三角瓶、100ml 量筒、定量滤纸、5ml 移液管、10ml 移液管、50ml 容量瓶等。

160

五、试剂配制

1. 0.5mol/L NaHCO₃ 浸提剂

42.0g NaHCO₃（化学纯）溶于约 800ml 水中，稀释至约 900ml，用 4mol/L NaOH 溶液调节 pH 至 8.5（可用 pH 计测定）最后稀释到 1L，保存于塑料瓶中，如超过一个月，使用时需重新校正值。

2. 无磷活性炭粉

将活性炭粉先用 1∶1 HCl 溶液浸泡过夜，然后在平板漏斗上抽气过滤，用水洗到无 Cl^- 为止。再用 0.5mol/L NaHCO₃ 溶液浸泡过夜，在平板漏斗上抽气过滤，用水洗尽 NaHCO₃，最后检查到无磷为止，烘干备用。

3. 钼锑抗试剂

12.0g 钼酸铵 $[(NH_4)_6Mo_7O_{24}·H_2O]$ 溶于 250ml 水中。另将 176ml 浓 H_2SO_4 注入约 800ml 水中。冷却后加入 0.30g 酒石酸氧锑钾，再将钼酸铵溶液慢慢地加入硫酸和酒石酸锑钾溶液中，随加随搅，加水至 2L，混匀。贮于棕色瓶中，此为钼锑贮备液。临用前（当天）取 0.53g 左旋抗坏血酸（化学纯，未变质的）溶于 100ml 钼锑贮备液中，混匀。此为钼锑抗试剂，有效期 24 小时。

4. 磷标准溶液

0.2195g，105℃烘干的分析纯 KH_2PO_4，溶于约 400ml 水，转 1L 容量瓶，加入 5ml 浓 H_2SO_4，用水定容。此为 50mg/kg 磷溶液。吸取此贮备液 25ml 准确稀释至 250ml，即为 5mg/kg 磷标准溶液（此稀溶液不宜久存）。

六、注意事项

（1）滤液要求无色透明溶液

（2）活性炭对 PO_4^{3-} 有明显的吸附作用，当溶液中同时存在大量的 HCO_3^- 离子饱和了活性炭颗粒表面，抑制了活性炭对 PO_4^{3-} 的吸附作用。活性炭量相对一致，加入量足。

（3）本法浸提温度对测定结果影响很大。有关资料曾用不同方式校正该法浸提温度对测定结果的影响，但这些方法都是在某些地区和某一条件下所得的结果，对于各地区不同土壤和条件下不能完全适用，因此必须严格控制浸提时的温度条件。一般要在室温（20～25℃）下进行，具体分析时，前后各批样品应在这个范围内选择一个固定温度以便对各批结果进行相对比较。最好在恒温振荡机上进行提取。显色温度（20℃左右）较易控制。

（4）由于取 0.05mol/L $NaHCO_3$ 浸提滤液 10ml 于 50ml 容量瓶中，加水和钼锑抗试剂后，即产生大量的 CO_2 气体，由于容量瓶口小，CO_2 气体不易逸出，在摇匀过程中，常造成试液外溢，造成测定误差。为了克服这个缺点，可以准确加入提取液、水和钼锑抗试剂（共计 50ml）于三角瓶中，混匀，显色。

（5）全磷钼锑抗法，其显色溶液的酸的浓度为 0.55mol/L（1/2 H_2SO_4），钼酸铵浓度为 1g/L。在 Olsen 法中先用 H_2SO_4 中和 $NaHCO_3$ 提取液至 pH5，再加钼锑抗试剂使最后显色溶液的酸的浓度为 0.42mol/L（1/2 H_2SO_4），钼酸铵浓度为 0.96g/L。经试验，用本法测定磷的含量，其结果是很理想的。为了统一应用全磷测定中的钼锑抗试剂，同时考虑到 Olsen 法是属于例行方法，可以省去中和步骤，这样最后显色液酸的浓度约为 0.45mol/L（1/2 H_2SO_4），钼酸铵浓度为 1.0g/L，这样仍在合适显色的酸的浓度范围。

第四节　菜田土壤速效钾的测定

土壤速效钾包括交换性和水溶性钾。由于土壤交换性钾的浸出量依从于浸提剂的阳离子种类，因此用不同浸提剂测定土壤速效钾的结果也不一致，而且稳定性不同。目前国内外采用的浸提剂 1mol/L NH_4AC 最为普遍。因为 NH_4^+ 与 H^+ 的半径相近，以 NH_4^+ 取代交换性 K^+ 时所得结果比较稳定，重现性好，能将土壤胶体表面的交换性钾和黏土矿物晶格层间的非交换性钾分开，不因淋洗次数或浸提时间的增加而显著增加浸出钾量。另一主要优点是 NH_4AC 浸提剂对火焰光度计测钾没有干扰。因此用 NH_4AC 浸提出的钾，最好用火焰光度计直接测定。在没有火焰光度计设备的实验室，可以试用 1mol/L $NaNO_3$ 浸提－四苯硼钠比浊法测定土壤速效钾，此法测得的交换性钾量比上法结果偏低。

本实验采用火焰光度计法测定土壤速效钾指标分级见表7-5。

表 7-5　土壤速效钾分级参考标准

等级	1 级	2 级	3 级	4 级	5 级	6 级
标准值/(mg/kg)	>200	200～150	150～100	100～50	50～30	<30

一、测定原理

火焰光度计是以发射光谱法为基本原理的一种分析仪器。

待测液中的 K^+ 被火焰高温激发，获得能量，变成激发态。

$$K^+ \xrightarrow{\ 激发\ } 激发态(不定) \xrightarrow{\ 释放能量各元素放出不同光谱线\ } 基态$$

其他光谱被滤光片吸收，紫色光谱（K^+）通过，含 K 量越高，发射光谱越多，形成光电流越强，从检流上显示数值。

火焰光度计有各种不同型号，但都包括三个主要部分：①光源，包括气体供应、喷雾器、喷灯等，使待测液分散在压缩空气中成为雾状，再与燃料气体如乙炔、煤气、液化石油、苯、汽油气等混合，在喷灯上燃烧；②单色器，简单的是滤光片，复杂的是利用石英等棱镜与细缝来选择一定波长的光线；③光度计，包括光电池、检流计、调节电阻等。与光电比色计的测量光度部分一样，在使用火焰光度计前，必须熟悉该型号仪器的各部分结构和操作技术，并在管理人员的指导下进行使用。

用火焰光度计定量待测液中某元素时也要用一系列标准溶液同时测定，并绘制浓度与电流计读数关系的工作曲线。测得待测液的读数后，即可以从工作曲线上查得元素的浓度。测定各元素的适宜浓度范围随元素种类和仪器型号而异，在确定方法时必须加以考虑。

影响火焰光度法准确度的因素，主要有三方面。①激发情况的稳定性，如气体压力和喷雾情况的改变会严重影响火焰的稳定。喷雾器没有保持十分洁净时也会引起不小的误差。在测定过程中，如激发情况发生变化应及时校正压缩空气及燃料气体的压力，并重新测读标准系列及试样。②分析溶液组成改变的影响，必须使标准溶液与待测溶液都有几乎相同的组成，如酸浓度和其他离子浓度要力求相近。③光度计部分（光电池、电流计）和稳定性，如光电池连续使用很久后会发生"疲劳"现象，应停止测定一段时间，待其恢复效能后再用。多数火焰光度计在分析适当浓度的纯盐溶液时，准确度很高误差仅 $1\% \sim 3\%$；在分析土壤、肥料、植物样品时，一些元素如 K、Na 等测定和误差为 $3\% \sim 8\%$，可满足一般生产上要求的准确度。

实验证明待测液的酸含量（不论是 H_2SO_4，HNO_3 还是 HCl）为 0.02mol/L 时对测定几乎无影响，但太高时往往使测定结果偏低。如果浸提剂的盐浓度过高，测定时易发生灯头被盐霜堵塞，使结果大大降低，应及时停火清洗。此外，K，Na 彼此的含量对测定也互有影响：为了免除这项误差，可加入相应的"缓冲溶液"，例如在测定 K 时加入 NaCl 的饱和水溶液，测定 Na 时加入 KCl 的饱和溶液。

NH_4Ac 浸出液中的 K 可用火焰光度计直接测定，NH_4Ac 燃烧后并不遗留固体残物，为了抵消 NH_4Ac 对测 K 的影响，标准 K 溶液也需用 1mol/L NH_4Ac 配制。

二、分析步骤

1/100 天平称取风干土样（1mm）5.00g 于 100ml 三角瓶中，加入 50ml 1mol/L 中性 NH_4Ac 溶液，塞紧，在振荡机上振荡 30 分钟，用干滤纸过滤，滤液盛于小三角瓶或小烧杯中，与钾标准系列溶液一起在火焰光度计上测定，记录检流计的读数。然后绘制工作曲线，并查得土壤浸出液的 K 浓度。

三、结果计算

土壤速效钾 K(mg/kg)＝浸出液的 K(mg/kg)×液土比

液土比＝50/5＝10

四、试剂配制

(1) 1mol/L 中性 NH_4Ac 浸提剂

77.08g 化学纯 NH_4Ac 溶于蒸馏水中，用稀 HAc 或 $NH_3 \cdot H_2O$

调节至 pH7.0。然后稀释至 1L。具体方法如下：取 50ml 1mol/L NH_4Ac 溶液，用溴百里酚蓝作指示剂，以 1∶1 $NH_3 \cdot H_2O$ 或 1∶4 HAc 调至绿色即为 pH7.0（也可以用酸度计测试）。根据 50ml NH_4Ac 中所用 $NH_3 \cdot H_2O$ 或 HAc 的毫升数，算出所配溶液的大概需要量，将全部溶液调至 pH7.0。

（2）K 标准溶液

0.1907g KCl（分析纯，110℃，烘干，2 小时）溶于 1mol/L NH_4Ac 溶液中，并用它定容至 lL，即为含 100mg/kg K 的 NH_4Ac 溶液。然后吸取 100mg/kg K 的标准液 2、5、10、20、40ml 放入 100ml 容量瓶中，用 1mol/L NH_4Ac 定容，即得 2、5、10、20、40mg/kg K 标准溶液。（含 NH_4Ac 的 K 标准液不能放置过久，以免长霉影响测定）。

五、仪器设置

6400-A 型火焰光度计、扭力天平、空气浴振荡器、三角瓶等。

六、注意事项

（1）浸提时间 30 秒，不要过长。如果时间长，NH_4AC 把矿物质浸提出来，结果偏高。

（2）K 标准溶液不宜放置过久，以防生霉。

（3）火焰光度计点火后，火焰调为最佳状态（蓝色坐垫）；关机，要先关空气压缩机，待火焰熄灭后，再关主机。

附：火焰光度计使用

（1）接通光度计电源，预热 30℃。

（2）接通空气压缩机电源，压力表 1.2～1.4gf/cm²

（3）点火。首先将进样开关、燃气与助燃气针形阀均放置在关处。接着用右手揿点火按钮，然后用左手慢慢旋动（逆时针）燃气针形阀，并从观察窗观看直至火焰点燃，同时右手放开点火按钮，点火后，打开进样开关，以蒸馏水进样，调节燃气针形阀，使火焰呈最佳状态，即外形为锥形蓝色，火焰底部中间是十个小突起（蓝色坐垫）。

（4）用 1mol/L 中性 NH_4Ac 溶液调零点，用 40mg/kg 标准 K 溶液调满度。

（5）测定读数。从标准曲线上查得相应的浓度代入公式计算；测定完后用蒸馏水冲洗喷头。

（6）测定结束后，关机。如使用汽油作燃料，要先关空气压缩机，让火焰自然燃烧，直至火焰熄灭，再切断电源，将燃气针形阀、助燃气、进样开关指示"关"处。

第五节　菜田土壤水溶性盐和 pH 的测定

土壤水溶性盐是盐碱土的一个重要属性，是限制作物生长的障碍因素。我国盐碱土的分布广，面积大，类型多。在干旱、半干旱地区盐渍化土壤，以水溶性的氯化物和硫酸盐为主。滨海地区由于受海水浸渍，生成滨海盐土，所含盐分以氯化物为主。在我国南方（福建、广东、广西等省、区）沿海还分布着一种反酸盐土。

盐土中含有大量水溶性盐类，影响作物生长，同一浓度的不同盐分危害作物的程度也不一样。盐分中以碳酸钠的危害最大，增加土壤碱度和恶化土壤物理性质，使作物受害。其次是氯化物，氯化物又以 $MgCl_2$ 的毒害作用较大，氯离子和钠离子的作用也不一样。

土壤（及地下水）中水溶性盐的分析，是研究盐渍土盐分动态的重要方法之一，对了解盐分、对种子发芽和作物生长的影响以及拟订改良措施都是十分必要的。土壤中水溶性盐分析一般包括 pH、全盐量、阴离子（Cl^-、SO_4^{2-}、CO_3^{2-}、HCO_3^-、NO_3^- 等）和阳离子（Na^+、K^+、Ca^{2+}、Mg^{2+}）的测定，并常以离子组成作为盐碱土分类和利用改良的依据。

我国滨海盐土则以盐分总含量为指标进行分类（表 7-6）。

表 7-6　我国滨海盐土的分级标准

盐分总含量/(g/kg)	盐土类型	盐分总含量/(g/kg)	盐土类型
1.0～2.0	轻度盐化土	2.0～4.0	中度盐化土
4.0～6.0	强度盐化土	>6.0	盐　土

在分析土壤盐分的同时，需要对地下水进行鉴定（表 7-7）。

当地下水矿化度达到 2g/L 时，土壤比较容易盐渍化。因此，地下水矿化度大小可以作为土壤盐渍化程度和改良难易的依据。

表 7-7　地下水矿化度的分级标准

类别	矿化度/(g/L)	水质
淡水	<1	优质水
弱矿化水	1～2	可用于灌溉①
半咸水	2～3	一般不宜用于灌溉
咸水	>3	不宜用于灌溉

① 用于灌溉的水，其导电率为 0.1～0.75dS/m。

测定土壤全盐量可以用不同类型的电感探测器在田间直接进行，如 4 联电极探针、素陶多孔土壤盐分测定器以及其他电磁装置，但测定土壤盐分的化学组成还需要用土壤水浸出液进行。

一、土壤水溶性盐的浸提

（一）1∶1 和 5∶1 水土比及饱和土浆浸出液的制备

土壤水溶性盐的测定主要分为两步：①水溶性盐的浸提；②测定浸出液中盐分的浓度。制备盐渍土水浸出液的水土比例有多种，例如 1∶1、2∶1、5∶1、10∶1 和饱和土浆浸出液等。一般来讲，水土比例愈大，分析操作愈容易，但对作物生长的相关性差。因此，为了研究盐分对植物生长的影响，最好在田间湿度情况下获得土壤溶液；如果研究土壤中盐分的运动规律或某种改良措施对盐分变化的影响，则可用较大的水土比（5∶1）浸提水溶性盐。

浸出液中各种盐分的绝对含量和相对含量受水土比例的影响很大。有些成分随水分的增加而增加，有些则相反。一般来讲，全盐量是随水分的增加而增加。含石膏的土壤用 5∶1 的水土比例浸提出来的 Ca^{2+} 和 SO_4^{2-} 数量是用 1∶1 的水土比的 5 倍，这是因为水的增加，石膏的溶解量也增加；又如含碳酸钙的盐碱土，水的增加，Na^+ 和 HCO_3^- 的量也增加。Na^+ 的增加是因为 $CaCO_3$ 溶解，钙离子把胶体上 Na^+ 置换下来的结果。5∶1 的水土比浸出液中的 Na^+ 比 1∶1 浸出液中的大 2 倍。氯根和硝酸根变化不大。对碱化土壤来说，用高的水土比例浸提对 Na^+ 的测定影响较大，故 1∶1

年浸出液更适用于碱土化学性质分析方面的研究。

水土比例、振荡时间和浸提方式对盐分的溶出量都有一定的影响。试验证明，如 $Ca(HCO_3)_2$ 和 $CaSO_4$ 这样的中等溶性和难溶性盐，随着水土比例的增大和浸泡时间的延长，溶出量逐渐增大，致使水溶性盐的分析结果产生误差。为了使各地分析资料便于相互交流比较，必须采用统一的水土比例、振荡时间和提取方法，并在资料交流时加以说明。

我国采用 5∶1 浸提法较为普遍，在此重点介绍 1∶1、5∶1 浸提法和饱和土浆浸提法，以便在不同情况下选择使用。

（二）主要仪器

（1）布氏漏斗（如图 7-1），或其他类似抽滤装置。

（2）平底漏斗、抽气装置、抽滤瓶等。

（三）试剂

去除二氧化碳的水：将蒸馏水煮沸 15 分钟，冷却后立即使用。

1g/L 六偏磷酸钠溶液：称取 $(NaPO_3)_6$ 0.1g 溶于 100ml 水中。

（四）操作步骤

1. 1∶1 水土比浸出液的制备

称取通过 2mm 筛孔相当于 100.0g 烘干土的风干土，例如风干土含水量为 3%，则称取 103g 风干土放入 500ml 的三角瓶中，加刚沸过的冷蒸馏水 97ml，则水土比为 1∶1。盖好瓶塞，在振荡机上振荡 15 分钟。

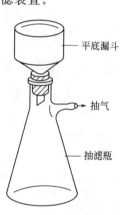

图 7-1　布氏漏斗

用直径 11cm 的瓷漏斗过滤，用密实的滤纸，倾倒土液时应摇浑泥浆，在抽气情况下缓缓倾入漏斗中心。当滤纸全部湿润并与漏斗底部完全密接时再继续倒入土液，这样可避免滤液浑浊。如果滤液浑浊，应倒回重新过滤或弃去浊液。如果过滤时间长，用表玻璃盖上以防水分蒸发。

将清亮液收集在 250ml 细口瓶中，每 250ml 加 1g/L 六偏磷酸钠 1 滴，储存在 4℃备用。

2. 5∶1 水土比浸出液的制备

168

称取通过 2mm 筛孔相当于 50.0g 烘干土的风干土，放入 500ml 的三角瓶中，加水 250ml（如果土壤含水量为 3% 时，加水量应加以校正）[注1,注2]。

盖好瓶塞，在振荡机上振荡 3 分钟[注3]。或用手摇荡 3 分钟[注3]。然后，将布氏漏斗与抽气系统相连，铺上与漏斗直径大小一致的紧密滤纸，缓缓抽气，使滤纸与漏斗紧贴，先倒少量土液于漏斗中心，使滤纸湿润并完全贴实在漏斗底上，再将悬浊土浆缓缓倒入，直至抽滤完毕。如果滤液开始浑浊，应倒回重新过滤或弃去浊液。将清亮滤液收集备用[注4]。

如果遇到碱性土壤，分散性很强或质地黏重的土壤，难以得到清亮滤液时，最好用素陶瓷中孔（巴斯德）吸滤管减压过滤[注5]，或用改进的抽滤装置过滤。如用巴氏滤管过滤应加大土液数量，过滤时可用几个吸滤瓶连接在一起。

3. 饱和土浆浸出液的制备

本提取方法长期不能得到广泛应用的主要原因是由于手工加水混合难于确定一个正确的饱和点，重现性差，特别是对于质地细的和含钠高的土壤，要确定一个正确的饱和点是困难的。现介绍一种比较容易掌握的加水混合法，操作步骤如下：称取风干土样（1mm）20.0～25.0g，用毛管吸水饱和法制成饱和土浆，放在 105～110℃ 烘箱中烘干、称重。计算出饱和土浆含水量。

（五）注释

注 1. 水土比例大小直接影响土壤可溶性盐分的提取，因此提取的水土比例不要随便更改，否则分析结果无法对比。

注 2. 空气中的二氧化碳分压大小以及蒸馏水中溶解的二氧化碳都会影响碳酸钙、碳酸镁和硫酸钙的溶解度，相应地影响着水浸出液的盐分数量，因此，必须使用无二氧化碳的蒸馏水来提取样品。

注 3. 土壤可溶性盐分浸提（振荡）时间问题，经试验证明，水土作用 2 分钟，即可使土壤可溶性的氯化物、碳酸盐与硫酸盐等全部溶于水中，如果延长时间，将有中溶性盐和难溶性盐（硫酸钙和碳酸钙等）进入溶液。因此，建议采用振荡 3 分钟立即过滤的方法，振荡和放置时间越长，对可溶性盐的分析结果误差也越大。

注4. 待测液不可在室温下放置过长时间（一般不得超过1天），否则会影响钙、镁、碳酸根和重碳酸根的测定。可以将滤液储存4℃条件下备用。

注5. 对于难以过滤的碱化度高或质地黏重的土壤可用巴氏滤管抽滤。巴氏滤管用不同细度的陶瓷制成，其微孔大小分为6级。号数越大，微孔越小，土壤盐分过滤可用1G3或1G4。也有的巴氏滤管微孔大小分为粗、中、细三级，土壤盐分过滤可用粗号或中号。

二、土壤可溶性盐总量的测定

测定土壤可溶性盐总量有电导法和残渣烘干法。

电导法比较简便、方便、快速。残渣烘干法比较准确，但操作繁琐、费时，它也可用于阴阳离子总量相加计算。

（一）电导法

1. 方法原理

土壤可溶性盐是强电解质，其水溶液具有导电作用。以测定电解质溶液的电导为基础的分析方法，称为电导分析法。在一定浓度范围内，溶液的含盐量与电导率呈正相关。因此，土壤浸出液的电导率的数值能反映土壤含盐量的高低，但不能反映混合盐的组成。如果土壤溶液中几种盐类彼此间的比值比较固定时，则用电导率值测定总盐分浓度的高低是相当准确的。土壤浸出液的电导率可用电导仪测定，并可直接用电导率的数值来表示土壤含盐量的高低。

将连接电源的两个电极插入土壤浸出液（电解质溶液）中，构成一个电导池。正负两种离子在电场作用下发生移动，并在电极上发生电化学反应而传递电子，因此电解质溶液具有导电作用。

根据欧姆定律，当温度一定时，电阻与电极间的距离（L）成正比，与电极的截面积（A）成反比。

$$R = \rho \frac{L}{A}$$

式中　R——电阻（欧姆）；

　　　　ρ——电阻率。

当 $L=1cm$，$A=1cm^2$ 则 $R=\rho$，此时测得的电阻称为电阻率 ρ。

溶液的电导是电阻的倒数，溶液的电导率（EC）则是电阻率的倒数。

$$EC=\frac{1}{\rho}$$

电阻率的单位常用西门子/米（S/m）。土壤溶液的电阻率一般小于 $1S/m$，因此常用 dS/m（分西门子/米）表示。

两电极片间的距离和电极片的截面积难以精确测量，一般可用标准 KCl 溶液（其电导率在一定温度下是已知的）求出电极常数。

$$\frac{EC_{KCl}}{S_{KCl}}=K$$

式中，K 为电极常数；EC_{KCl} 为标准 KCl 溶液（0.02mol/L）的电阻率（dS/m），18℃时 $EC_{KCl}=2.397dS/m$，25℃时为 2.765dS/m；S_{KCl} 为同一电极在相同条件下实际测得的电导度值。那么，待测液测得的电导度乘以电极常数就是待测液的电导率。

$$EC=KS$$

大多数电导仪有电极常数调节装置，可以直接读出待测液的电阻率，无需再考虑用电极常数进行计算结果。

2. 仪器

（1）电导仪。目前在生产科研应用较普遍的是 DDSJ-308 型等电导仪。还有适于野外工作需要的袖珍电导仪。

（2）电导电极。一般多用上海雷磁仪器厂生产的 DJS-1C 型等电导电极。这种电极使用前后应浸在蒸馏水内，以防止铂黑的惰化。如果发现镀铂黑的电极失灵，可浸在 1∶9 的硝酸或盐酸中 2 分钟，然后用蒸馏水冲洗再行测量。如情况无改善，则应重镀铂黑，将镀铂黑的电极浸入王水中，电解数分钟，每分钟改变电流方向 1 次，铂黑即行溶解，铂片恢复光亮。用重铬酸钾浓硫酸的温热溶液浸洗，使其彻底洁净，再用蒸馏水冲洗。将电极插入 100ml 溶有氯化铂 3g 和醋酸铅 0.02g 配成的水溶液中，接在 1.5V 的干电池上电解 10 分钟，5 分钟改变电流方向 1 次，就可得到均匀的铂黑层，用水冲洗电极，不用时浸在蒸馏水中。

3. 试剂

(1) 0.01mol/L 的氯化钾溶液。称取干燥分析纯 KCl 0.7456g 溶于刚煮沸过的冷蒸馏水中，于 25℃ 稀释至 1L，贮于塑料瓶中备用。这一参比标准溶液在 25℃ 时的电阻率是 1.412dS/m。

(2) 0.02mol/L 的氯化钾溶液。称取 KCl 1.4911g，同上法配成 1L，则 25℃ 时的电阻率是 2.765dS/m。

4. 操作步骤

吸取土壤浸出液或水样 30～40ml，放在 50ml 的小烧杯中（如果土壤只用电导仪测定总盐量，可称取 4g 风干土放在 25mm×200mm 的大试管中，加水 20ml，盖紧皮塞，振荡 3 分钟，静置澄清后，不必过滤，直接测定。测量液体温度。如果测一批样品时，应每隔 10 分钟测一次液温，在 10 分钟内所测样品可用前后两次液温的平均温度或者在 25℃ 恒温水浴中测定。将电极用待测液淋洗 1～2 次（如待测液少或不易取出时可用水冲洗，用滤纸吸干），再将电极插入待测液中，使铂片全部浸没在液面下，并尽量插在液体的中心部位。按电导仪说明书调节电导仪，测定待测液的电导度 (S)，记下读数。每个样品应重读 2～3 次，以防偶尔出现的误差。

一个样品测定后及时用蒸馏水冲洗电极，如果电极上附着有水滴，可用滤纸吸干，以备测下一个样品继续使用。

5. 结果计算

(1) 土壤浸出液的电导率 $EC_{25} =$ 电导度$(S)×$温度校正系数 $(f_t)×$电极常数(K)[注1]。

一般电导仪的电极常数值已在仪器上补偿，故只要乘以温度校正系数即可，不需要再乘电极常数。温度校正系数 (f_t) 可查表 7-8。粗略校正时，可按每升高 1℃，电导度约增加 2% 计算。

当液温在 17～35℃ 之间时，液温与标准液温 25℃ 每差 1℃，则电导率约增减 2%，所以 EC_{25} 也可按下式直接算出。

表 7-8　电阻或电导之温度校正系数（f_t）

温度/℃	校正值	温度/℃	校正值	温度/℃	校正值	温度/℃	校正值
3.0	1.709	20.0	1.112	25.0	1.000	30.0	0.907
4.0	1.660	20.2	1.107	25.2	0.996	30.2	0.904
5.0	1.663	20.4	1.102	25.4	0.992	30.4	0.901
6.0	1.569	20.6	1.097	25.6	0.988	30.6	0.897
7.0	1.528	20.8	1.092	25.8	0.983	30.8	0.894
8.0	1.488	21.0	1.087	26.0	0.979	31.0	0.890
9.0	1.448	21.2	1.082	26.2	0.975	31.2	0.887
10.0	1.411	21.4	1.078	26.4	0.971	31.4	0.884
11.0	1.375	21.6	1.073	26.6	0.967	31.6	0.880
12.0	1.341	21.8	1.068	26.8	0.964	31.8	0.877
13.0	1.309	22.0	1.064	27.0	0.960	32.0	0.873
14.0	1.277	22.2	1.060	27.2	0.956	32.2	0.870
15.0	1.247	22.4	1.055	27.4	0.953	32.4	0.867
16.0	1.218	22.6	1.051	27.6	0.950	32.6	0.864
17.0	1.189	22.8	1.047	27.8	0.947	32.8	0.861
18.0	1.163	23.0	1.043	28.0	0.943	33.0	0.858
18.2	1.157	23.2	1.038	28.2	0.940	34.0	0.843
18.4	1.152	23.4	1.034	28.4	0.936	35.0	0.829
18.6	1.147	23.6	1.029	28.6	0.932	36.0	0.815
18.8	1.142	23.8	1.025	28.8	0.929	37.0	0.801
19.0	1.136	24.0	1.020	29.0	0.925	38.0	0.788
19.2	1.131	24.2	1.016	29.2	0.921	39.0	0.775
19.4	1.127	24.4	1.012	29.4	0.918	40.0	0.763
19.6	1.122	24.6	1.008	29.6	0.914	41.0	0.750
19.8	1.117	24.8	1.004	29.8	0.911		

$$EC_t = S_t \times K$$
$$EC_{25} = EC_t - [(t-25) \times 2\% \times EC_t]$$
$$= EC_t[1 - (t-25) \times 2\%]$$
$$= KS_t[1 - (t-25) \times 2\%]$$

（2）标准曲线法（或回归法）计算土壤全盐量。从土壤含盐量（%）与电导率的相关直线或回归方程查算土壤全盐量（%，或 g/kg）。

标准曲线的绘制：溶液的电导度不仅与溶液中盐分的浓度有关，而且受盐分的组成成分的影响。因此，要使电导度的数值能符合土壤溶液中盐分的浓度，就必须预先用所测地区盐分的不同浓度的代表性土样若干个（如 20 个或更多一些），用残渣烘干法测得土壤水溶性盐总量（％）。再以电导法测其土壤溶液的电导度，换算成电导率（EC_{25}），在方格坐标纸上，以纵坐标为电导率，横坐标为土壤水溶性盐总量（％），划出各个散点，将有关点做出曲线，或者计算出回归方程[注2]。

有了这条直线或方程可以把同一地区的土壤溶液盐分用同一型号的电导仪测得其电导度，改算成电导率，查出土壤水溶性盐总量（％）。

（3）直接用土壤浸出液的电导率来表示土壤水溶性盐总量。目前，国内多采用 5∶1 水土比例的浸出液作电导测定，不少单位正在进行浸出液的电导率与土壤盐渍化程度及作物生长关系的指标研究和拟定。

美国用水饱和的土浆浸出液的电导率来估计土壤全盐量，其结果较接近田间情况，并已有明确的应用指标（表 7-9）。

表 7-9　土壤饱和浸出液的电导率与盐分（g/kg）和作物生长关系

饱和浸出液 EC_{25}/(dS/m)	盐分 /(g/kg)	盐渍化程度	植物反应
0～2	<1.0	非盐渍化土壤	对作物不产生盐害
2～4	1.0～3.0	盐渍化土壤	对盐分极敏感的作物产量可能受到影响
4～8	3.0～5.0	中度盐土	对盐分敏感作物产量受到影响,但对耐盐作物(苜蓿、棉花、甜菜、高粱、谷子)无多大影响
8～16	5.0～10.0	重盐土	只有耐盐作物有收成,但影响种子发芽,而且出现缺苗,严重影响产量
>16	>10.0	极重盐土	只有极少数耐盐植物能生长,如盐植的牧草、灌木、树木等

6. 注释

注 1. 电极常数 K 的测定。电极的铂片面积与距离不一定是标准的，因此必须测定电极常数 K 值。测定方法是：用电导电极来测定已知电导率的 KCl 标准溶液的电导度，即可算出该电极常数 K 值。不同温度时 KCl 标准溶液的电导率如表 7-10 所示。

$$电极常数\ K = \frac{EC}{S}$$

式中　EC——KCl 标准溶液的电导率；

　　　S——测得 KCl 标准溶液的电导度。

表 7-10　0.02000mol KCl 标准溶液在不同温度下的电导度

$T/℃$	电导度	$T/℃$	电导度	$T/℃$	电导度	$T/℃$	电导度
11	2.043	16	2.294	21	2.553	26	2.819
12	2.093	17	2.345	22	2.606	27	2.873
13	2.142	18	2.397	23	2.659	28	2.927
14	2.193	19	2.449	24	2.712	29	2.981
15	2.243	20	2.501	25	2.765	30	3.036

注 2. 盐的含量与溶液电导率，许多研究者发现不是简单的直线关系，若以盐含量以应电导率的对数值作图或回归统计，可以取得更理想的线性效果。

（二）残渣烘干——质量法

1. 方法原理

吸取一定量的土壤浸出液放在瓷蒸发皿中，在水浴上蒸干，用过氧化氢氧化有机质，然后在 105～110℃ 烘箱中烘干，称重，即得烘干残渣质量。

2. 试剂

过氧化氢溶液（1∶1）。

3. 操作步骤

吸收 1∶5 土壤浸出液或水样 20～50ml（根据盐分多少取样，一般应使盐分重量在 0.02～0.2g 之间）[注1]放在 100ml 已知烘干质量的瓷蒸发皿内，在水浴上蒸干，不必取下蒸发皿，用滴管沿皿四周加 1∶1 H_2O_2，使残渣湿润，继续蒸干，如此反复用 H_2O_2 处理，使有机质完全氧化为止，此时干残渣全为白色[注2]，蒸干后残渣和皿放在 105～110℃ 烘箱中烘干 1～2h，取出冷却，用分析天平称重，记下质量。将蒸发皿和残渣再次烘干 0.5h，取出放在干燥器中冷却。前后两次质量之差不得大于 1mg[注3]。

4. 结果计算

$$土壤水溶性盐总量(g/kg) = \frac{m_1}{m_2} \times 1000$$

式中 m_1——烘干残渣质量（g）；

m_2——烘干土样质量（g）。

5. 注释

注1. 吸取待测液的数量，应以盐分的多少而定，如果含盐量＞5.0g/kg，则吸取 25ml；含盐量＜5.0g/kg，则吸取 50ml 或 100ml。保持盐分量在 0.02～0.2g 之间。

注2. 加过氧化氢去除有机质时，只要达到使残渣湿润即可，这样可以避免由于过氧化氢分解时泡沫过多，使盐分溅失，因而必须少量多次地反复处理，直至残渣完全变白为止。但溶液中有铁存在而出现黄色氧化铁时，不可误认为是有机质的颜色。

注3. 由于盐分（特别是镁盐）在空气中容易吸水，故应在相同的时间和条件下冷却称重。

三、土壤 pH 的测定（电位法）

1. 方法原理

采用电位法测定土壤 pH 是将 pH 玻璃电极和甘汞电极（或复合电极）插入土壤悬液或浸出液中构成一原电池，测定其电动势值，再换算成 pH。在酸度计上测定，经过标准溶液校正后则可直接读取 pH。水土比例对 pH 影响较大，尤其对于石灰性土壤稀释效应的影响更为显著。以采取较小水土比为宜，本方法规定水土比为 2.5：1。同时，酸性土壤除测定水浸土壤 pH 外，还应测定盐浸 pH，即以 1mol/L KCl 溶液浸提土壤 H^+ 后用电位法测定。

2. 主要仪器设备

酸度计：有温度补偿功能。搅拌器。

3. 试剂

去除 CO_2 的水：煮沸 10 分钟后加盖冷却，立即使用。

1mol/L KCl 溶液：称取 74.6g KCl 溶于 800ml 水中，用稀氢氧化钾和稀盐酸调节溶液 pH 为 5.5～6.0，稀释至 1L。

pH4.01（25℃）标准缓冲溶液：称取经 110～120℃烘干 2～3 小时的邻苯二甲酸氢钾 10.21g 溶于水，移入 1L 容量瓶，用水定容，贮于聚乙烯瓶。

pH6.87（25℃）标准缓冲溶液：称取经 110～120℃烘干 2～3 小时的磷酸氢二钠 3.533g 和磷酸二氢钾 3.388g 溶于水，移入 1L 容量瓶，用水定容，贮于聚乙烯瓶。

pH9.18（25℃）标准缓冲溶液：称取经平衡处理的硼砂（$Na_2B_4O_7 \cdot 10H_2O$）3.800g 溶于无 CO_2 水中，移入 1L 容量瓶，用水定容，贮于聚乙烯瓶。

硼砂的平衡处理：将硼砂放在盛有蔗糖和食盐饱和水溶液的干燥器内平衡 2 昼夜。

4. 分析步骤

（1）仪器校准。各种 pH 计和电位计的使用方法不尽一致，电极的处理和仪器的使用按仪器说明书进行。

（2）土壤水浸液 pH 的测定。称取过 2mm 筛的风干土壤 10.0g 于 50ml 烧杯中，加 25ml 去除 CO_2 的水，以搅拌器搅拌 1 分钟，使土粒充分分散，放置 30 分钟后进行测定。将电极插入待测液中（注意玻璃电极球泡下部位于土液界面处，甘汞电极插入上部清液），轻轻摇动烧杯以除去电极上的水膜，促使其快速平衡，待读数稳定（在 5 秒内 pH 变化不超过 0.02）时记下 pH 值。取出电极，以去离子水洗涤，用滤纸条吸干水分后即可进行第二个样品的测定。

（3）土壤氯化钾盐浸提液 pH 的测定。当土壤水浸液 pH 小于 7 时，应测定土壤盐浸提液 pH。测定方法除用 1mol/L KCl 溶液代替无 CO_2 水以外，其他步骤与水浸液 pH 测定相同。

结果计算：用酸度计测定 pH 值时，直接读取 pH，不需计算，结果保留一位小数，并注明浸提剂的种类。

5. 注意事项

（1）长时间存放不用的玻璃电极需要在水中浸泡 24 小时，使之活化后才能进行正常反应。暂时不用的可浸泡在水中，长期不用时，应干燥保存。玻璃电极表面受到污染时，需进行处理。甘汞电极腔内要充满饱和氯化钾溶液，在室温下应有少许氯化钾结晶存在，但氯化钾结晶不宜过多，以防堵塞电极与被测溶液的通路。玻璃电极的内电极与球泡之间、甘汞电极内电极和陶瓷芯之间不得有气泡。

（2）电极在悬液中所处的位置对测定结果有影响，要求将甘汞电极插入上部清液中，尽量避免与泥浆接触，以减少甘汞电极液接电位的影响。

（3）pH读数时摇动烧杯会使读数偏低，应在摇动后稍加静止再读数。

（4）操作过程中避免酸碱蒸气侵入。

（5）测定批量样品时，最好按土壤类型将pH相差大的样品分开测定，可避免因电极响应迟钝而造成的测定误差。

第六节　蔬菜植株全氮、磷、钾及粗蛋白的测定

植物样品中氮、磷、钾的测定涉及样品消煮和消煮液中氮、磷、钾三种元素的测定。在凯氏消煮过程中应用的加速剂种类很多。使用混合加速剂（Na_2SO_4＋$CuSO_4$＋Se粉）和$HClO_4$氧化剂能使消化加速。但前者消煮液中的磷如用钼锑抗比色测定时因Se的存在要产生浑浊，对测定有影响；后者在消煮时容易造成氮损失。因此本实验选用H_2SO_4-H_2O_2消煮法可以避免以上缺点而能在同一消煮液中分别测定氮、磷、钾。若要分析少量样品对，消煮液中的NH_4-N以采用半微量蒸馏法比较快速；若要分析大批样品，则以扩散法为方便，扩散法的设备简单，操作人力较少，准确度也符合常规分析的要求。磷的测定常用比色分析法，其优点是灵敏度高而又简便、快速、准确。当植物样品中含磷量较高时（0.2%以上），宜选用钒钼黄比色法，含量低时则以钼锑抗比色法为佳。钾一般用火焰光度计法测定。

植物粗蛋白测定时，常用凯氏法测定样品中有机氮后，乘以换算因数，即为粗蛋白。

测定粗蛋白时，采用的加速剂种类很多，除了以上介绍的Na_2SO_4（K_2SO_4）＋$CuSO_4$＋Se粉和氧化剂H_2O_2外，还可用K_2SO_4＋$CuSO_4$和K_2SO_4＋HgO为加速剂，其效率及测定结果的

准确度和精密度均很高，适用样品的类型很广泛，被认为国际标准法。前苏联 1975 年国家标准方法采用 K_2SO_4＋$CuSO_4$＋Se 粉混合加速剂。汞和硒的催化效率很高，但都有剧毒，且污染环境，不宜用于常规分析。我国农业部的标准法主要采用无剧毒的 K_2SO_4＋$CuSO_4$ 为加速剂，但用量太大。

蛋白质的换算因数决定于样品蛋白质的含氮量（％）。多数蛋白质含氮量为 16％，因此由氮换算为蛋白质的系数为 100/16＝6.25。但各种蛋白质的含氮百分数不一样，例如麦类及大豆的蛋白质含氮量约 17.5％，换算系数为 5.7，如果按样品种类分别选用相应的换算系数（例如小麦、大麦、大豆的换算系数为 5.7；大米6.0；油料种子5.3；其他各类样品 6.25）必须在分析报告上说明使用的换算系数。

一、植物样品的消煮

（一）消煮原理

植物中氮、磷大多是以有机态存在，钾是以离子态存在，在氮磷、钾联合测定中，采用浓 H_2SO_4 和氧剂 H_2O_2 消煮植物样品，将有机氮、磷转化为无机态。但应注意 H_2O_2 宜早加入，每次用量不可过多，加入后的消煮温度不要太高，只要保持消煮液微沸即可，以防止 N 损失。

$$蛋白质 \xrightarrow{水解} 各种氨基酸$$
$$NH_2CH_2COOH＋3H_2SO_4 \longrightarrow NH_3＋2CO_2＋3SO_2＋2H_2O$$
$$2NH_3＋H_2SO_4 \longrightarrow (NH)_2SO_4$$

在测定粗蛋白时，常用 K_2SO_4＋$CuSO_4$ 为加速剂。K_2SO_4 在反应过程中，能提高硫酸的沸点（从 317℃ 增至 338℃）也具有催化作用。

$$K_2SO_4＋H_2SO_4 \longrightarrow 2KHSO_4$$
$$2KHSO_4 \longrightarrow K_2S_2O_7＋H_2O$$
$$K_2S_2O_7 \longrightarrow K_2SO_4＋SO_3$$
$$2SO_3＋C \longrightarrow CO_2＋2SO_2$$

$CuSO_4$ 在反应过程中具有催化剂的作用，当有机碳全部氧化后，使溶液呈绿色表示消化到达终点。

$$2CuSO_4 + C \xrightarrow{H_2SO_4} Cu_2SO_4 + SO_2 + CO_2$$
$$Cu_2SO_4 + 2H_2SO_4 \longrightarrow 2CuSO_4 + SO_2 + 2H_2O$$

（二）试剂

（1）浓 H_2SO_4（三级，相对密度1.84）。

（2）30% H_2O_2（三级）或用混合加速剂100g K_2SO_4（或无水 Na_2SO_4）与10g $CuSO_4 \cdot 5H_2O$ 在研钵中研磨，仔细混匀过0.5mm筛（40筛目）。

（三）操作步骤

称取通过0.5mm筛子风干植物样品0.3000～0.5000g置于50ml凯氏瓶中，先用少量水冲洗粘在瓶颈上的样品，加入10ml浓 H_2SO_4（如用加速剂可再加入3.5g加速剂）摇匀（最后放置过夜），瓶口放一弯颈小漏斗，在电炉上先小火消煮，待 H_2SO_4 发白烟后再升温，当溶液呈均匀的棕黑色时取下，稍冷2分钟后加6滴 H_2O_2，消煮。如此重复3～5次，当消煮液由棕褐变黄后，H_2O_2 添加量由6滴减为3滴，消煮到溶液无色或乳白后，再加热5分钟以除剩余的 H_2O_2。取下，冷却。用水冲洗弯颈漏斗，洗液流入凯氏瓶。将消煮液全部转移入100ml容量瓶中，冷却，定容，摇匀。用无磷脚的干滤纸过滤到干三角瓶中或放置澄清后供氮、磷、钾的测定。每批消煮的同时进行空白试验。

二、植物全氮及粗蛋白的测定

（一）测定原理

植物样品消煮液中的铵盐碱化后生成 NH_3，经蒸馏或扩散，用 H_3BO_3 吸收，直接用标准酸滴定，以甲基红-溴甲酚绿混合指示剂指示终点。根据标准酸消耗数量计算植物样品中含氮量，再乘以相应系数，求出粗蛋白的含量。

（二）试剂

（1）10mol/L NaOH 溶液。

（2）2% H_3BO_3 指示剂溶液。

（3）0.02mol/L H_2SO_4 标准溶液。

（4）碱性胶液：40g 阿拉伯胶，加入 50ml 水，温热至 70～80℃（最好在水浴中进行）搅拌促溶，溶解后冷却，加入 20ml 甘油和 20ml 饱和 K_2CO_3 水溶液，搅匀，放冷。离心除去泡沫和不溶物，将清液贮于玻璃瓶中备用。

（三）操作步骤

1. 蒸馏法

吸取待测液 10ml，注入半微量蒸馏器进行蒸馏和滴定，蒸馏及滴定方法与磷酸铵含氮量测定相同。

2. 扩散法

吸取待测液 2ml 于扩散皿外室，内室加入 2% H_3BO_3 指示剂溶液 3ml，然后在扩散皿外室边缘涂上碱性胶液，盖上毛玻璃完全粘合。再缓慢转开毛玻璃一边使扩散皿外室露出一条狭缝，迅速加入 2ml 10mol/L NaOH 溶液，立即盖严，再套上橡皮圈，使毛玻璃固定。扩散可在室温下进行，不必恒温。室温在 20℃ 以上时，放置 24 小时；低于 20℃ 时，放置时间加长。在扩散期间应将扩散皿内容物小心转动混匀 2～3 次，加速扩散。

在测定样品的同时，必须在同一条件下做空白试验及 NH_4-N 标准溶液的回收率测定。

回收率测定的方法：吸收 100mg/kg NH_4-N 标准液（每升含 NH_4Cl 0.3820g）5.00ml 于扩散外室，以下操作步骤与样品测定相同。

每批应做 4～6 个 NH_4 回收率试验，在样品滴定之前先滴定两个盛有标准液的皿作回收率检验，若 NH_4-N 的回收率已达 98% 以上，证明溶液中得的 NH_3 已扩散完全，可以开始滴定成批样品；如回收率未达到要求，则需延长扩散时间。

（四）结果计算

$$全 N\% = \frac{N(V-V_0) \times 0.014 \times 分取倍数}{WC} \times 100$$

$$粗蛋白\% = \frac{N(V-V_0) \times 0.014 \times 分取倍数 \times K}{WC} \times 100$$

式中　N——标准酸溶液的当量浓度；

　　　V——样品消耗标准酸的体积（ml）；

V_0——空白消耗标准酸的体积（ml）；

$$分取倍数 = \frac{100}{吸取待液体积(ml)};$$

0.014——N 的毫当量；

K——N 换算成蛋白质的因数；

W——烘干称样重。

两次平行测定结果允许差为 0.3％。

三、植物全磷的测定（钒钼黄比色法）

（一）测定原理

待测液中的正磷酸与偏钒酸铵和钼酸生成黄色的三元杂多酸，溶液黄色的浓度与含磷量成正比，可用比色法定量磷。此法的优点是室温低于 15℃时，显色较慢，需要 30 分钟以上才能显色完全，稳定时间可达 24 小时。在 HNO_3、HCl、$HClO_4$ 和 H_2SO_4 等介质中都适用，常见离子的干扰少，灵敏度较低，适测范围广（1～20mg/kg），工作范围随选用的吸收波长而异。

比色时选用波长 400、440、470、490nm 的工作范围依次为 0.75～5.5、2～15、4～17、7～20mg/kg，故本法可广泛用于含磷较高的植物和肥料等样品中的磷测定。

（二）试剂

（1）钒钼铵试剂 A 液：25g 钼酸铵 $(NH_4)_6Mo_7O_{24} \cdot 4H_2O$（二级）溶于 400ml 水中。

B 液：1.25g 偏钒酸铵 NH_4VO_3（二级）溶于 300ml 沸水中。冷却后加入 250ml 浓 HNO_3，然后将 A 液缓缓倾入 B 液中，用水稀释至 1000ml。此溶液的酸浓度为 4N，贮于棕色的细口瓶中。

（2）6mol/L NaOH 溶液。

（3）0.2％二硝基酚指示剂：0.2g，2,6-二硝基酚或 2,4-二硝基酚 $[C_6H_3OH(NO_2)_2]$ 溶于 100ml 水中。

（4）100mg/kg P 标准液：0.4394g 经烘干的 KH_2PO_4（一级）溶于约 400ml 水中，加入 25ml 6mol/L H_2SO_4 定容至 1L。此为 100mg/kg P 贮备标准液，可久贮。

（三）操作步骤

吸取待测液 10.00ml（含 P 0.05～0.75mg），放入 50ml 容量瓶中，加水至 3ml，加入 2 滴二硝基酚指示剂，用 6mol/L NaOH 中和至刚呈黄色，加入 10.00ml 钒钼酸铵试剂，用水定容，15 分钟后在分光光度计波长 440nm 处和 1cm 光径的比色槽进行比色测定，以空白溶液调节零点。

用示差法定磷：在两个 50ml 容量瓶中用 100mg/kg P 标准溶液分别配制一个低标溶液和一个高标准液，低标准溶浓度要小于待测定液 P 的浓度，高标准溶液 P 的浓度要高于待测定液 P 的浓度，具体浓度视情况而定。如配制 5mg/kg 和 50mg/kg 标准液时，可分别吸取 2.5ml 和 25ml 100mg/kg P 标准溶液分别放入 50ml 容量瓶中加水约至 30ml，再按上述步

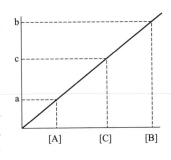

骤显色、比色、测定。测得的低浓度 [A] 5mg/kg P 标准溶液的吸收值为 a，高浓度 [B] 50mg/kg P 标准溶液的吸收值为 b，待测液 P 浓度 [C] 吸收值为 c。吸收值

$$\frac{b-a}{c-a}=\frac{[B]-[A]}{[C]-[A]}$$

$$[C]=[A]+\frac{[B]-[A](c-a)}{b-a}$$

$$p=\frac{[c]\times 稀释倍数}{W\times 10^4}$$

本实验稀释倍数为 $100\times\frac{50}{10}=500$。

四、植物全钾的测定

（一）测定原理

植物样品经消煮稀释后，待测液中的 K 用火焰光度法测定。本法测定原理同草木灰全钾测定。

（二）操作步骤

吸取待测液 2.00～5.00ml 于 25ml 容量瓶中，用水定容，按第四节实验直接在火焰光度计上测定。

（三）结果计算

全 K(%)＝(mg/kg×定容体积×分取倍数×100)/W×10⁶

式中　mg/kg——从标准曲线查得溶液中 K 的 mg/kg 数（标准曲线参照第四节实验）；

定容体积——25ml；

分取倍数——消煮液定容体积/吸取待测体积；

10⁶——将 μg 换算成克的除数。

样品含钾量低于 1% 时，两次平行测定结果允许差 0.05%。

第七节　菜田土壤-植物硝酸盐速测方法

测土施肥技术中基于无机氮测定方法进行的氮肥推荐正在被用于蔬菜的氮素推荐中。由于土壤中铵态氮含量远低于硝态氮含量，可以通过测定土壤硝态氮含量，来表征无机氮含量，进而推算出优化的氮肥施用量。在作物生育期内进行植株硝态氮营养诊断的辅助手段，可以很敏感地反映蔬菜作物的氮肥供应状况，适合分阶段对作物进行监测，并据此来追施氮肥。新成熟叶中脉可以作为花椰菜氮营养诊断部位。而对于番茄、马铃薯等作物，叶柄中硝态氮浓度可以很好地反映其氮营养状况。

一、试纸条-反射仪法

试纸条-反射仪法是目前比较流行的快速、简便而经济的硝酸盐测定技术。装置主要由试纸条和用于比色的反射仪两部分组成（图 7-2）。样品硝酸盐含量是通过该仪器在标准显色时间后（如 60 秒）的光电比色法进行测定。目前根据不同的显色反应配方，硝酸盐试纸条的检测范围有 $3\sim90$mg/L NO_3^- 和 $25\sim450$mg/L NO_3^- 两种。

操作方法介绍如下。

1. 采样

土壤样品根据不同作物要求取对应深度的有代表性的土样，用 0.01mol/L 的氯化钙或者去离子水浸提，土水比为 1:1，过滤得到待测液；植株样品采集具有代表性的蔬菜植株组织的样品（如果进行氮素营养诊断，应在晴朗天气的早上 8～9 时采集样品），用去

图 7-2　养分快速测定所用的试纸条和反射仪

离子水洗净，晾干或用吸水纸轻轻擦干，然后用压汁钳压汁，盛于干净容器中，得到植株汁液的待测液（叶菜类取新成熟叶中脉，番茄、马铃薯等作物取最新展开叶叶柄测定）。

2. 稀释

2 分钟之内将待测液准确稀释，使其中硝酸盐浓度在试纸条的测定范围之内（如 $3\sim90\mathrm{mg/L\ NO_3^-}$）。

3. 测定

取一试纸条插入待测液中，同时按下反射仪上的计时器按钮开始计时，2 秒后取出试纸条，尽量甩掉上面附带的多余的待测液。当显色时间为 55 秒时，反射仪的蜂鸣器会发出提示信号，要求在 5 秒内将试纸条插入反射仪比色窗口中进行比色。当显色时间达到 60 秒时，液晶显示器直接显示比色结果，即待测液中 $\mathrm{NO_3^-}$ 的浓度，根据稀释倍数的大小，即得蔬菜测试部位汁液中 $\mathrm{NO_3^-}$ 的浓度。该值除以 4.43 可得汁液中硝态氮的浓度。

反射仪体积小，采用电池驱动，携带方便，稳定性也较好，比较适合田间操作及在基层工作使用。另外，试纸条上不含有腐蚀性的化学试剂，不会对人体安全和健康产生威胁。用该方法测定蔬菜组织汁液中硝酸盐浓度简便快速，样品不需进行前处理，大大缩短了从采样到结果反馈所需的时间，样品压汁稀释后，1 分钟即可得到结果。无论对市场质检部门检测蔬菜品质，还是对农民确定是否需要追肥，都是极方便的速测工具。另外，反射仪还具有存储功能，并带有输出端口，可以将所测得的数据直接传入计算机进行处理，效率更高。

二、Cardy meter 离子计

Cardy meter 离子计是另一种检测硝酸盐的速测仪。外形设计

轻巧、便于携带和保存、易于调节和保养，可以给出与常规的大型离子检测计一样的精度。（如图7-3）与反射仪相比，其量程范围大，在 $0 \sim 9900 \times 10^{-6}$ 之间，浸提的土壤溶液或者植株汁液可不用稀释而直接测定，还可以测定固体，不同规格的仪器还可以测定钾等其他离子浓度。但操作时仪器需要校正，而且受温度影响较大。

表7-11为正常生长的蔬菜在不同生育时期的叶柄汁液硝态氮临界浓度范围。根据此指标，利用测定的硝酸盐含量，

图 7-3　Cardy meter 离子计

即可迅速诊断出蔬菜氮素的丰缺情况，作为推荐施肥的依据。

表 7-11　几种蔬菜不同生育时期叶柄汁液硝态氮和钾临界浓度范围

蔬菜品种	生长阶段	叶柄汁液中的临界浓度范围/(mg/L)	
		NO_3-N	NO_3^-
绿菜花	6 叶期	800～1000	3550～4400
	第一次收获前一周	500～800	2200～3550
	第一次收获	300～500	1300～2200
黄瓜	初花期	800～1000	3550～4400
	黄瓜 7.5cm 长	600～800	2650～3550
	第一次收获	400～600	1800～2650
茄子	第一果 5cm 长	1200～1600	5300～7000
	第一次收获	1000～1200	4400～5300
	收获中期	800～1000	3550～4400

蔬菜品种	生长阶段	叶柄汁液中的临界浓度范围/(mg/L)	
		NO_3-N	NO_3^-
香瓜	初花期	1100～1200	4400～5300
	果 5cm 长	800～1000	3550～4400
	第一次收获	700～800	3100～3550
辣椒	第一个花芽出现	1400～1600	6200～7000
	初花期	1400～1600	5750～6600
	果生长中期	1200～1400	5300～6200
	第一次收获	800～1000	3550～4400
	第二次收获	500～800	2200～3550
马铃薯	植株 20cm 高	1200～1400	4000～4400
	初花期	1000～1400	3550～4000
	50%的花开	1000～1200	4400～5300
	100%的花开	900～1200	2650～3550
	顶叶脱落	600～900	1750～2650
西葫芦	初花期	900～1000	1300～1750
	第一次收获	800～900	850～1750
露地番茄	第一个花芽出现	1000～1200	5300～6600
	初花期	600～800	4400～5300
	果实直径 2.5cm	400～600	3550～4400
	果实直径 5cm	400～600	2650－3550
	第一次收获	300～400	3550～4400
	第二次收获	200～400	2200～3550
温室番茄	移栽至第二穗果出现	1000～1200	1300～2200
	第二穗果至第五穗果出现	800～1000	3550～4400
	收获期	700～900	2650～3550
西瓜	瓜蔓 15cm 长	1200～1500	1800～2650
	果 5cm 长	1000～1200	5300～7000
	果生长中期	800～1000	4400～5300
	第一次收获	600～800	3550～4400

附　　表

附表 1　几种主要绿肥的养分含量

绿肥种类	鲜草成分(鲜重%)				干草成分(干重%)		
	水分	N	P_2O_5	K_2O	N	P_2O_5	K_2O
紫云英	88.0	0.33	0.08	0.23	2.75	0.66	1.19
光叶苕子	84.4	0.50	0.13	0.42	3.12	0.83	2.60
毛叶苕子	—	0.47	0.09	0.45	2.35	0.48	0.25
黄花苜蓿	83.3	0.54	0.14	0.40	3.23	0.81	2.38
蚕豆	80.0	0.55	0.12	0.45	2.75	0.60	2.25
箭筈豌豆	—	0.54	0.06	0.32	—	—	—
紫穗槐	60.9	1.32	0.30	0.79	3.36	0.76	2.01
田菁	80.0	0.52	0.07	0.15	2.60	0.54	1.68
绿萍	94.0	0.24	0.02	0.12	2.77	0.35	1.18
水花生	—	0.15	0.09	0.57	2.15	0.84	3.39
水葫芦	—	0.24	0.07	0.11	—	—	—
水浮莲	—	0.22	0.06	0.10	—	—	—

附表 2　常见畜禽粪便养分含量表

名称	粗有机物%	全氮%	全磷%	全钾%	钙%	镁%	铜 mg/kg	锌 mg/kg	铁 mg/kg	锰 mg/kg	硼 mg/kg	钼 mg/kg	硫 mg/kg
人粪	71.865	6.382	1.322	1.604	1.952	1.051	69.682	340.459	2751.975	298.048	4.263	3.484	0.567
猪粪	63.718	2.087	0.896	1.118	1.8	0.744	37.638	137.159	6053.181	425.524	9.195	0.998	0.346
牛粪	66.219	1.669	0.429	0.948	1.844	0.466	26.87	100.286	4052.195	648.117	13.161	1.219	0.313
羊粪	64.241	2.012	0.496	1.321	2.888	0.705	41.93	105.835	5412.424	549.215	22.334	1.319	0.344
马粪	64.9	1.476	0.466	1.307	1.32	0.455	23.193	163.628	4988.548	492.307	10.497	1.187	0.309
驴粪	61.162	0.969	0.39	1.054	1.337	0.635	21.122	88.931	2434.889	402.686		0.767	0.408
骡粪	68.718	0.959	0.525	0.87	1.213	0.485	22.803	82.073	4289.719	276.45	11.133	1.045	0.153
兔粪	61.246	2.108	0.735	1.611	1.894	0.816	36.32	150.324	4957.688	350.943	19.978	2.064	0.443
鸡粪	49.482	2.338	0.929	1.606	2.821	0.751	52.422	159.611	8121.208	366.264	13.343	1.763	0.437
鸭粪	43.492	1.661	0.885	1.373	5.493	0.621	32.523	140.788	9496.673	681.322	15.632	0.978	0.285
鹅粪	49.282	1.645	0.672	1.742	2.116	0.631	24.867	105.11	8860.939	426.793	17.127	1.027	0.359
鸽粪	63.951	4.335	1.084	1.79	2.208	0.911	28.039	266.373	4474.064	330.731	12.22	2.395	0.373
蚕沙	70.781	2.433	0.341	1.979	4.588	0.822	18.212	39.753	1998.554	176.846	22.957	0.938	0.369
狗粪	51.65	3.655	3.218	0.761	7.685	0.5	32.387	244.054	10124.403	286.637	20.175	0.908	0.422
鹌鹑粪	54.67	4.292	1.712	2.16	7.172	1.588	33.058	287.568	4377.955	319.84		3.05	0.295
豹粪	56.2	0.86	0.19	0.43	3.707	0.447	30.433	547.867	20490.833	287.467	2.583		0.02
猴粪	52.287	2.18	0.747	2.753	1.704	0.359	11.547	50.287	1302.587	461.62		0.73	
大象粪		0.76	0.147	0.793	2.77	0.571	16.11	72.023	2003.367	804.013		0.667	
蝙蝠粪	75.343	4.8	1.38	0.78	7.161	0.391	51.165	287.38	9969.11	339.83		0.765	

附表 3　堆肥养分含量表

名称	粗有机物 %	全氮 %	全磷 %	全钾 %	钙 %	镁 %	铜 mg/kg	锌 mg/kg	铁 mg/kg	锰 mg/kg	硼 mg/kg	钼 mg/kg	硫 mg/kg
猪圈肥	46.509	0.944	0.465	0.95	2.172	0.647	29.774	97.182	12175.749	603.588	11.349	0.939	0.316
牛栏粪	51.172	1.411	0.363	1.97	1.97	0.506	27.941	99.016	9958.011	690.433	16.363	1.037	0.327
羊圈肥	53.055	1.382	0.316	1.42	2.735	0.771	35.653	108.993	10239.438	550.061	17.561	0.987	0.325
马厩肥	58.91	1.156	0.347	1.234	2.408	0.51	24.4	100.557	8991.854	627.938	12.51	0.967	0.344
骡圈肥	49.428	1.386	0.365	2.158	3.912	0.846	22.734	64.058	5178.164	377.936	4.685	0.223	0.144
驴圈肥	24.54	0.586	0.303	0.365	5.048	1.475	26.408	55.7	13014.646	418.762	7.03		0.034
鸡窝粪	44.105	2.17	0.7	1.705	3.478	0.671	34.953	112.738	18622.123	650.475		0.698	0.37
高温堆肥	24.142	0.663	0.235	1.214	3.047	0.64	30.9	67.3	14567.96	414.58	2.744		0.043
堆肥	26.103	0.695	0.24	1.066	3.023	0.736	28.336	77.704	15100.295	586.087	14.602	0.707	0.127
玉米秆堆肥	57.812	1.107	0.355	0.645	1.731	0.588	24.565	67.714	11497.863	219.216	13.305	0.517	0.25
麦秆堆肥	47.571	1.113	0.264	0.779	2.618	0.643	20.834	58.299	6247.413	100.737	8.586	0.37	0.105
水稻秆堆肥	56.523	1.553	0.275	1.537	1.773	0.335	12.102	86.028	8950.84	1641.747	39.17	1.018	0.23
山草堆肥	32.71	1.254	0.262	0.88	4.935	0.514	52.345	115.195	32867.56	1297.278	26.01	0.663	0.27
麻豚叶堆肥	52.865	1.428	0.228	1.51	2.342	0.413	43.038	99.69	34584.66	1235.223	65.12	0.807	0.24
松毛堆肥	58.636	0.99	0.182	0.814	1.407	0.392	31.506	100.526	32995.568	850.252	63.213	0.743	0.24
沤肥	28.513	0.709	0.292	1.309	3.826	0.813	28.459	70.841	14475.54	421.099	8.874	1.506	0.089
草塘泥	17.298	0.526	0.232	1.132	0.436	0.681	45.582	146.012	23349.747	822.315			
肉肥	11.116	0.427	0.182	2.072	1.898	0.476	25.183				8.033		0.225
沼渣肥	55.722	2.022	0.839	0.884	1.307	0.617	40.317	103.645	9239.769	486.972	14.972	0.803	

附表 4　稻秆养分含量表

名称	粗有机物%	全氮%	全磷%	全钾%	钙%	镁%	铜 mg/kg	锌 mg/kg	铁 mg/kg	锰 mg/kg	硼 mg/kg	钼 mg/kg	硫 mg/kg
水稻稻秆养分	81.3	0.91	0.13	1.89	0.61	0.224	15.6	55.6	1134	800	6.09	0.88	0.138
早稻	83.6	1.2	0.163	2.51	0.69	0.239	13.4	60.4	957	813			
晚稻	85.9	1.14	0.189	1.47	0.38	0.184	22.6	102	1608	910			
杂交稻	84.5	0.83	0.131	2.01	0.54	0.198	7.9	44.5	1231	397			
小麦秸秆	83	0.65	0.08	1.05	0.52	0.165	15.2	18	355	62.5	3.4	0.42	0.096
玉米秸秆	87.1	0.92	0.152	1.18	0.54	0.224	11.8	32.2	493	73.8	6.4	0.51	0.094
大豆秸	89.7	1.81	0.196	1.17	1.71	0.48	11.9	27.8	536	70.1	24.4	1.09	0.21
蚕豆秸	78.8	2.45	0.236	1.71	0.62	0.29	24.7	51.6	1240	323	7.4	1.16	0.32
高粱秸	79.6	1.25	0.146	1.43	0.46	0.19	14.3	46.6	254	127	7.2	0.34	
谷子秸	93.4	0.82	1.101	1.75			9.9	24.9	111	62.2			
大麦秸	92.5	0.56	0.086	1.37	0.35	0.086	10.1	32.1	179	66.4	4.7	0.3	0.1
荞麦秸	87.8	0.8	0.191	2.12	1.62	0.37	4.9	27.9	772	102	13.1	0.31	0.14
甘薯藤	83.4	2.37	0.283	3.05	2.11	0.46	12.6	26.5	1023	119	31.2	0.67	0.3
马铃薯茎	80.2	2.65	0.272	3.96	3.03	0.58	14.3	53	1952	145	17.4	0.69	0.37
油菜秸秆	85	0.87	0.144	1.94	1.52	0.25	8.5	38.1	442	42.7	18.5	1.03	0.44
花生秸	88.6	1.82	0.163	1.09	1.76	0.56	9.7	34.1	994	164	26.1	0.59	0.14
棉秆	90.9	1.24	0.15	1.02									
麻秆	91.9	1.31	0.06	0.5									
甘蔗茎叶	91.1	1.1	0.14	1.1	0.88	0.21	6.8	21	271	140	5.5	1.14	0.29
烟秆	91.7	1.44	0.169	1.85	1.49	0.19	14.9	33.5	616	50.7	16.8	0.48	0.27
西瓜藤	80.2	2.58	0.229	1.97	4.64	0.83	13	43.6	2045	140	17	0.49	0.24

附表 5　各类肥土养分含量表

名称	粗有机物 %	全氮 %	全磷 %	全钾 %	铜 mg/kg	锌 mg/kg	锰 mg/kg	硼 mg/kg	钼 mg/kg
熏土养分	11.665	0.372	0.119	1.201	6.533	20.133	218.03	3.62	0.253
硝土养分	2.808	0.258	0.115	1.546	13.801	36.04	280.845		
坑土养分	17.984	0.505	0.132	1.558					

附表 6　绿肥养分含量表

名称	粗有机物 %	全氮 %	全磷 %	全钾 %	钙 %	镁 %	铜 mg/kg	锌 mg/kg	铁 mg/kg	锰 mg/kg	硼 mg/kg	钼 mg/kg	硫 mg/kg
紫云英	87.4	3.44	0.339	2.29	1.25	0.3	15.1	66.1	990	105.8	31.9	3.03	0.39
苕子	89.2	3.31	0.326	2.38	1.76	0.28	12.1	64.7	1177	79.3	27.3	2.52	0.3
箭筈豌豆	87.7	3.01	0.248	2.12	1.8	0.39	12.4	83.3	1906	107.9	15	2.22	0.2
草木樨	91.6	2.96	0.237	1.64	2.12	0.34	12.3	58.1	701	97.9	24	1.05	0.34
田菁	93.3	2.4	0.235	1.39	1.44	0.26	14.5	88.4	576	107	27.8	3.15	0.16
金花菜	86.7	3.37	0.406	2.19	1.42	0.31	11.3	78.7	1137	86.7	16.6	1.86	0.26
紫花苜蓿	89	2.58	0.207	2.09	2.33	0.38	13.1	98	390	99.9			
沙打旺	88.6	2.64	0.193	1.6	1.56	0.26	10.2	55.8	1023	118.4	23.5	1.88	0.45
蚕豆养分	86.9	2.5	0.261	1.6	1.78	0.29	13.4	39.2	765	59.9	22.8	1.48	0.19
豌豆养分	86.77	2.76	0.274	1.8	2.27	0.46	10.7	48.8	1162	87.3	25.8	2.65	0.3
绿豆养分	87.9	1.91	0.39	1.7	2.16	0.45	11.5	46	972	167.6	27	1.44	0.25
豇豆养分	89.3	2.8	0.342	1.86	1.89	0.34	10.6	41.5	512	95.9	25.3	3.57	0.3
饭豆养分	89.7	2.17	0.21	1.48	2.01	0.34	9	44.7	1171	138.8	31.6	2.52	0.28
菜豆养分	89.4	2.2	0.258	2.42			8.7	40.5	1491	134.5		2.67	0.19

名称	粗有机物%	全氮%	全磷%	全钾%	钙%	镁%	铜 mg/kg	锌 mg/kg	铁 mg/kg	锰 mg/kg	硼 mg/kg	钼 mg/kg	硫 mg/kg
山黧豆	81.4	4.16	0.353	2.63	1.38	0.59	20	76.8	1976	141.8	13.1	2.76	0.28
三叶草	84.6	3.41	0.321	2.94	2.51	0.33	13.1	49.5	2126	95.5		3.36	0.32
肥田萝卜	85.7	2.51	0.397	2.65	2.64	0.28	10.1	54.6	708	57.4	28.2	1.55	0.73
油菜	86.3	3.04	0.374	3.47	0.8	0.21	12.4	67.6	350	154.1		0.6	0.24
满江红	78.1	3.16	0.38	2.5	2.28	0.51	12.4	87.5	3666	295	28.2	3.44	0.37
水花生	79.5	2.9	0.317	4.73	1.55	0.47	14.8	84.3	1574	213.7	25.1	1	0.31
水葫芦	78.8	2.6	0.429	4.28	2.31	0.59	10.7	91.8	2948	328.3	21.3	1.48	0.41
水浮莲	75.2	2.77	0.485	4.2	2.02	0.45	15.9	90.1		499.6	36.7	0.96	0.5
肿柄菊	84.8	3.1	0.355	3.77	2.67	0.37	11.5	56.3	658	117.4	55	0.41	0.29
飞机草	89.7	1.9	0.273	2.5	1.29	0.29	9.6	46.4	745	126.6	10	0.7	0.28
小麦籽	85.7	1.21	0.21	3.36	2.29	0.42	5.2	57.1	1192	73.6	28.7		0.51
籽粒苋	79.3	2.59	0.384	5.51	3.42	0.55	7	39.8	363	47.1		2.28	0.28
紫穗槐	89.7	3.08	0.323	1.41	1.86	0.32	16.4	92.4	639	104.8	26.9	0.52	0.02
马桑	84.2	2.35	0.203	1.12	1.08	0.54	16.4	61.7	365	86	15.2	0.22	0.18
黄荆	86.6	2.64	0.313	1.95	0.64	0.4	15.5	107.4	501	98.6	17.9	0.87	0.18
野葛	89.8	1.99	0.179	1.66	2.95	0.29	9.7	42.1	641	118.5		0.22	0.17
构树	94.8	2.71	0.165	0.86	1.26	0.21	16.3	37.4	214	215.7		0.22	0.13
桤木	92.1	3.01	0.162	0.66	0.97	0.27	14.7	42.2	262	216.3	17.5	0.43	0.16
蒿草	86.9	2.7	0.345	3.33	1.74	0.35	16.3	53.8	1164	132.6	27.4	0.79	0.22
茅草	89.8	0.89	0.12	0.83	0.68	0.14	6	30.3	1009	138.3	1.6	0.31	0.14

附表 7　各种污泥养分含量表

名称	粗有机物 %	全氮 %	全磷 %	全钾 %	铜 mg/kg	锌 mg/kg	锰 mg/kg
河泥	2.961	0.231	0.196	1.754	37.894	60.392	273.106
湖泥	4.573	0.179	0.068	1.476	10.639	13.32	123.884
塘泥	3.649	0.242	0.118	1.956	22.015	53.963	171.501
沟泥	9.627	0.334	0.136	1.989	42.016	36.029	63.41
海泥	2.024	0.108	0.04	0.76	595.306	440.664	66.612

附表 8　各种秸秆灰分养分含量表

名称	全氮 %	全磷 %	全钾 %	钙 %	镁 %	铜 mg/kg	锌 mg/kg	铁 mg/kg	锰 mg/kg	硼 mg/kg	钼 mg/kg
草木灰		1.023	9.214	8.406	1.457	58.896	297.843	8092.895	2600.995	26.125	1.427
水稻秆灰		0.78	8.204	7.272	1.155	10.066	128.566	4514.503	1497.251	13	1.157
玉米秆灰		0.896	7.287	10.512	2.238	59.826	209.182	8790.129	631.71	1.73	
小麦秆灰		0.665	7.522	2.344	0.196	25.543	115.225	2635.75	912.1	16.953	1.763
棉花秆灰		1.344	6.381	0.554	0.29	84.063	160.08	2141.245	525.352	24.2	0.24
甘蔗叶灰		0.938	7.921	8.608	1.766	17.375	62.06	3388.95	1236.48	48.61	0.35
荞麦秆灰		1.159	6.365	13.366	2.798	35.907	264.133	3473.267	2214.413	40.54	2.393
烤烟秆灰		1.174	6.314	2.418	0.491	116.305	206.049	15941.838	364.631	36.823	1.011
柴灰		1.026	4.29			95.989	263.81	5279.1	1577.749		
山草灰		0.662	8.897								
大豆秆灰		1.123	4.6	3.235	0.175	20.5	99.8	4477	426		
油菜菜秆灰		0.47	9.309								
甘薯秆灰		1.354									
炉渣灰	0.127	0.141	0.571			44.106	66.97	5986.652	463.022		

名称	全氮%	全磷%	全钾%	钙%	镁%	铜 mg/kg	锌 mg/kg	铁 mg/kg	锰 mg/kg	硼 mg/kg	钼 mg/kg
烟筒灰	1.53	0.26	1.418			12.668	37.86	240.172	145.623		
火山灰	0.727	0.193	0.08			15.438	47.88	15205.35	788.657		
尿灰	0.09	0.574	3.169			39.418	93.61	10463.6	851.445		
杂灰	0.616	0.288	1.666			52.707	281.519	2669.736	817.149		

附表 9 各类饼肥养分含量表

名称	粗有机物%	全氮%	全磷%	全钾%	钙%	镁%	铜 mg/kg	锌 mg/kg	铁 mg/kg	锰 mg/kg	硼 mg/kg	钼 mg/kg	硫 mg/kg
大豆饼	88	7.19	0.766	1.7	2.8		19.8	96.1	627	99.8			
全国花生饼	85.9	7.18	0.719	1.3	1.64	1	20.6	65.5	471	46	28.9	2.49	
全国油菜籽饼	86	5.9	1.077	1.29	0.94	0.52	8.86	91.5	635	85.5	16.8	0.77	1.17
全国稍籽饼	87.4	5.24	1.371	1.27	0.24	0.57	17.1	81.4	238	36.9	10.2	1.13	0.45
全国芝麻饼	87.9	6.08	2.18	1.11	3.44	1.45	36.9	147	851	145			
葵花饼	92.4	5.04	0.493	1.4			27.6	157	977	123			
全国桐籽饼	88.9	3.06	0.479	1.28	0.66	0.44	14.5	60.7	295	78.1	12.3	0.51	0.22
全国茶籽饼	95.77	1.46	0.288	1.22	0.21	0.18	13.6	27.5	269	273	12.6	0.2	
蓖麻籽饼	87.9	4.88	0.85	1.1			21.6	220	865	144			
胡麻饼	96.1	6.05	0.824	1.18			22.7	206	920	234			
兰花籽饼	92.5	4.38	1.08	1.04	0.67	0.44	7.12	57	1600	62.1	8.46	0.38	
褐煤		0.92	0.15	1.07			10.05	11.73	232	94			
风化煤	38.39	0.37	0.06	0.66			8.41	60.36	208	100.7			
城市垃圾	10.128	0.321	0.178	1.414	1.82	0.362	71.583	161.931	14569.578	327.755	29.538	2.433	0.235
城市生活污泥		4.17	1.2	0.45									

参考文献

[1] 鲍士旦. 土壤农化分析（第3版）. 北京：中国农业出版社，2000.

[2] 藏宏伟. 区域土壤重金属含量状况及环境质量评价. 山东农业大学硕士学位论文，2007.

[3] 曹裕松，李志安，邹碧. 根际环境的调节与重金属污染土壤的修复. 生态环境，2003，12（4）：493-497.

[4] 曹志洪，周健民. 中国土壤质量. 北京：科学出版社，2008.

[5] 曹志洪. 解译土壤质量演变规律，确保土壤资源持续利用. 世界科技研究与发展，2001，23（3）：28-32.

[6] 陈怀满. 环境土壤学. 北京：科学出版社，2005.

[7] 陈俭霖，史公军. 城郊菜地土壤和蔬菜重金属污染研究进展. 北方园艺，2005（3）：8-9.

[8] 陈清，张福锁. 养分资源综合管理理论与实践. 北京：中国农业大学出版社，2007.

[9] 董炜博，石延茂，李荣光，等. 山东省保护地蔬菜根结线虫的种类及发生. 莱阳农学院学报. 2004，21：106-108.

[10] 杜连凤，刘文科，刘建玲. 河北省蔬菜大棚土壤盐分状况及其影响因素. 土壤肥料，2005（3）：17-19.

[11] 段玉玺，吴刚. 植物线虫病害防治. 北京：中国农业科技出版社，2002.

[12] 段钟庆，杨理芳. 大理洱海湖滨区土壤酸化成因与修复技术初探. 中国农技推广，2004（1）：54-55.

[13] 高祥照，申眺，郑义. 肥料实用手册. 北京：中国农业出版社，2002.

[14] 郭文忠，刘声锋，李丁仁，等. 设施蔬菜土壤次生盐渍化发生机理的研究现状与展望. 土壤，2004（1）：25-29.

[15] 郭艳波，冯浩，吴普特. 作物非充分灌溉决策指标研究进展. 农业工程科学，2007，23（8）：520-525.

[16] 国家环境保护局，国家技术监督局. 土壤环境质量标准（GB 15618—1995）.

[17] 侯云霞，钱光熹，王建民，等. 上海蔬菜保护地的土壤盐分状况. 上海农业学报，19873（4）：31-38.

[18] 胡新萍. 沈阳市郊蔬菜基地土壤中重金属污染状态. 辽宁城乡环境科技，2007，27（4）：1-3.

[19] 黄昌勇. 土壤学. 北京：中国农业出版社，2000.

[20] 黄鸿翔，李书田，李向林，等．我国有机肥的现状与发展前景分析．土壤肥料，
2006 (1)：3-8.

[21] 黄锦法，曹志洪，李艾芬，等．稻麦轮作田改为保护地菜田土壤肥力质量的演变．
植物营养与肥料学报，2003，9 (1)：19-25.

[22] 贾文竹，马利民，卢树昌．河北省菜地、果园土壤养分状况与调控技术．北京：
中国农业出版社，2007.

[23] 贾小红，陈清．桃园施肥灌溉新技术．北京：化学工业出版社，2007.

[24] 姜春光，卢树昌，陈清．模拟不同降雨条件对日光温室填闲作物糯玉米产量、根
系生长及养分吸收的影响．北方园艺，2011 (17)：71-75.

[25] 寇长林．华北平原集约化农作区不同种植体系施用氮肥对环境的影响．北京：中
国农业大学博士学位论文，2004.

[26] 雷宝坤，刘宏斌，朱红业．粮田改为菜田后土壤碳、氮演变特征．西南农业学报，
2011，24 (4)：1390-1395.

[27] 李俊良，崔德杰，孟祥霞，等．山东寿光保护地蔬菜施肥现状及问题的研究．土
壤通报，2002，33 (2)：126-128.

[28] 李俊良．蔬菜灌溉施肥新技术．北京：化学工业出版社，2008.

[29] 李茂松，左旭．中国畜禽废弃物的产出量、污染现状及危害，首届全国农业面源
污染与综合防治学术研讨会论文集．2004.

[30] 李文超，董会，王秀峰．根结线虫对日光温室黄瓜生长、果实品质及产量的影响．
山东农业大学学报（自然科学版），2006，37：35-38.

[31] 李先珍，王耀林，张志斌．京郊蔬菜大棚土壤盐离子积累状况研究初报．中国蔬
菜，1993 (4)：15-17.

[32] 李元．填闲作物及秸秆还田对日光温室土壤环境及黄瓜生育的影响．中国农业大
学硕士学位文，2006.

[33] 梁静．我国菜田投入、去向现状及其节肥潜力分析研究．中国农业大学硕士学位
论文，2011.

[34] 林洋．设施菜田土壤溶质运移与土壤酸化潜势．中国农业大学硕士学位论
文，2010.

[35] 刘苹，杨力，于淑芳，等．寿光市蔬菜大棚土壤重金属含量的环境质量评价．环
境科学研究，2008，21 (5)：66-71.

[36] 刘世梁，傅伯杰，刘国华，等．我国土壤质量及其评价研究的进展．土壤通报，
2006，37 (1)：137-142.

[37] 卢树昌．土壤肥料科学．北京：中国农业出版社，2011.

[38] 卢树昌，陈清，张福锁，等．河北省果树主分布区土壤磷素投入特点及磷负荷分
析．中国农业科学，2008，41 (10)：3149-3157.

[39] 卢树昌，陈清，张福锁，等．河北省果园氮素投入特点及其土壤氮素负荷分析．
植物营养与肥料学报，2008，14 (5)：858-865.

[40] 卢树昌，姜春光．北方日光温室夏季种植填闲作物对土壤氮及^{15}N转化的影响．北

方园艺, 2011 (13): 171-174.

[41] 卢树昌, 姜春光. 不同降水条件下北方日光温室填闲季糯玉米对土壤残留氮风险阻控研究. 华北农学报, 2012, 27 (2): 189-195.

[42] 卢树昌, 刘慧芹, 王小波, 等. 防线虫制剂对感染根结线虫番茄叶片生理性状的影响. 安徽农业科学, 2011, 39 (24): 14652-14654.

[43] 卢树昌, 刘慧芹, 王小波, 等. 几种药剂对土壤根结线虫的防治及对番茄根系生理性状的影响. 湖北农业科学, 2012, 51 (1): 70-73.

[44] 卢树昌, 刘慧芹, 王小波, 等. 不同药剂对感染根结线虫黄瓜生理性状的影响. 北方园艺, 2012 (1): 132-134.

[45] 卢树昌, 刘慧芹, 王小波, 等. 几种药剂对土壤根结线虫的防治及对番茄根系生理性状的影响. 湖北农业科学, 2012, 51 (1): 70-73.

[46] 卢树昌, 王小波, 刘慧芹, 等. 设施菜地休闲期施用石灰氮防控根结线虫对土壤pH及微生物量的影响. 中国农学通报, 2011, 27 (22): 258-262.

[47] 卢树昌, 王小波, 刘慧芹, 等. 设施菜地休闲期施用石灰氮防控根结线虫对土壤pH及微生物量的影响. 中国农学通报, 2011, 27 (22): 258-262.

[48] 卢树昌. 土壤肥料学. 北京: 中国农业出版社, 2011.

[49] 彭德良. 蔬菜病虫害综合治理-蔬菜线虫病害的发生和防治. 中国蔬菜, 1998, 4: 57-58.

[50] 史春余, 张夫道, 张俊清, 等. 长期施肥条件下设施蔬菜地土壤养分变化研究. 植物营养与肥料学报, 2003, 9 (4): 437-441.

[51] 田永强. 设施菜田土壤功能衰退阻控的相关机理研究. 中国农业大学博士学位论文, 2011.

[52] 王辉, 董元华, 安琼, 等. 高度集约化利用下蔬菜地土壤酸化及次生盐渍化研究-以南京市南郊为例. 土壤, 2005, 37 (5): 530-533.

[53] 王慎强, 陈怀满, 司友斌. 我国土壤环境保护研究的回顾与展望. 土壤, 1999, (5): 255-260.

[54] 王小波, 卢树昌, 王瑞, 等. 设施菜地休闲期施用石灰氮对感染根结线虫芹菜生长的影响. 北方园艺, 2011 (13): 130-132.

[55] 王艳, 王小波, 卢树昌, 等. 植物源杀菌包膜复合肥对番茄生长、氮肥利用率及病害的影响. 中国生态农业学报, 2011, 19 (3): 597-601.

[56] 吴龙华, 骆永明, 卢蓉晖, 等. 铜污染土壤修复的有机调控研究. 根际土壤铜的有机活化效应. 土壤, 2000 (2): 67-70.

[57] 谢学东. 南京市尧化镇蔬菜大棚土壤肥力状况调查研究. 江苏农业科学, 1999 (3): 55-57.

[58] 阎波杰, 赵春江, 潘瑜春, 等. 大兴区农用地畜禽粪便氮负荷估算及污染风险评价. 环境科学, 2010, (2): 437-443.

[59] 曾路生, 高岩, 李俊良, 等. 寿光大棚菜地酸化与土壤养分变化关系研究. 水土保持学报, 2010, 24 (4): 157-161.

[60] 曾希柏，白玲玉，苏世鸣，等．山东寿光不同年限设施土壤的酸化与盐渍化．生态学报，2010，30（7）：1853-1859.

[61] 曾希柏，李莲芳，梅旭荣．中国蔬菜土壤重金属含量及来源分析．中国农业科学，2007，40（11）：2507-2517.

[62] 张承林，郭彦彪．灌溉施肥技术．北京：化学工业出版社，2006.

[63] 张福锁，陈新平，陈清，等．中国主要作物施肥指南．北京：中国农业大学出版社，2009.

[64] 张福锁，马文奇，陈新平，等．养分资源综合管理理论与技术概论．北京：中国农业大学出版社，2006.

[65] 张福锁．测土配方施肥技术要览．北京：中国农业大学出版社，2006.

[66] 张福锁．养分资源综合管理．北京：中国农业大学出版社，2003.

[67] 张瑜．中国农田土壤酸化现状、原因与敏感性的初步研究．中国农业大学硕士学位论文，2009.

[68] 中国农业年鉴编辑委员会．中国农业年鉴2011．北京：中国农业出版社，2012.

[69] 中华人民共和国．中国农业统计资料．2008．北京：中国农业出版社，2009.

[70] 中华人民共和国国家统计局．中国统计年鉴2011．北京：中国统计出版社，2011.

[71] 中华人民共和国农业部．中国农业统计资料2010．北京：中国农业出版社，2011.

[72] 周长吉．温室灌溉系统设备与应用．北京：中国农业出版社，2004.

[73] 周生路，陆春锋，万红友．苏南菜地土壤酸化特点及成因分析．河南师范大学学报（自然科学版），2005（1）：69-72.

[74] 周霞，刘俊展，王小梦，等．大棚黄瓜根结线虫病的发生特点与综合防治技术．农业科技通讯，2006，11：43-44.

[75] 朱兆良．农田生态系统中化肥的去向和氮素管理．见：朱兆良和文启孝．中国土壤氮素．南京：江苏科技出版社，1992：228-245.

[76] 朱兆良．我国氮肥的使用现状、问题和对策．见：李庆逵，朱兆良，于天仁．中国农业持续发展中的肥料问题．南昌：江西科学技术出版社，1998：38-51.

[77] 朱兆良，David Norse，孙波．中国农业面源污染控制对策．北京：中国环境科学出版社，2006.

[78] Alvey, S., Yang, C. H., Buerkert, A., et al. Cereal/legume rotation effects on rhizosphere bacterial community structure in west African soils. Biology and Fertility of Soils, 2003, 37：73-82.

[79] Bagayoko, M., Buerkert, A., Lung, G., et al. Cereal/legume rotation effects on cereal growth in Sudano-Shahelian West Africa：soil mineral nitrogen, mycorrhizae and nematodes. Plant and Soil, 2000, 218：103-116.

[80] Doran J. W., T. B. Parkin. Defining soil quality for a sustainable environment. Soil Sci., 1994, 3：21

[81] Duan Lei, Huang Yongmei, Hao Jiming, et al. Vegetation uptake of nitrogen and base cations in China and its role in soil acidification. Science of the Total Environ-

ment, 2004, 330: 187-198.

[82] George Z. , S. Stamatis, T. Vasilios. Impacts of agricultural practices on soil and water quality in the Mediterranean region and proposed assessment ethodology. Agriculture, Ecosystems and Environment, 2002, 88: 137-146

[83] Graham S. , S. Louis. Soil quality monitoring in New Zealand: trends and issues arising from a broad-scale survey. Agriculture, Ecosystems and Environment, 2004, 104: 545-552

[84] Hao, Z. P. , Wang, Q. , Christie, P. , Li, X. L. Allelopathic potential of watermelon tissues and root exudates. Scientia Horticulturae, 2007, 112: 315-320.

[85] Karlen D. L. , M. J. Mausbach, J. W. Doran. Soil quality: a concept, definition, and framework for evaluation. Soil Sci Soc. Am. J. , 1997, 61: 4-10

[86] Li, H. , Han, Y. , Cai, Z. Nitrogen mineralization in paddy soils of the Taihu Region of China under anaerobic conditions: dynamics and model fitting. Geoderma, 2003, 115: 161-175.

[87] LU Shu-chang, LIU Hui-qin, WANG Xiao-bo, et al. Effect of different pesticide on controlling soil root-knot nematode and tomato leaves physiological characters. Plant Diseases and Pests, 2011, 2 (3): 65-68.

[88] Okada, H. , Harada, H. Effects of tillage and fertilizer on nematode communities in a Japanese soybean field. Applied Soil Ecology, 2007, 35: 582-598.

[89] Warkentin B. P. , H. F. Fletcher. Soil quality for intensive agriculture. In Proc Int Sem on Soil Environ and Fert Manage in Intensive Agric Soc Sci Soil and Manure. Tokyo: Natl Inst of Agric Sci, 1997.

[90] Yu, J. Q. , Matsui, Y. Effects of root exudates of cucumber and allelochemicals on the ion uptake by cucumber seedling. Journal of Chemical Ecology, 1997, 23 (3): 817-827.

[91] Zhou, X. G. , Everts, K. L. Suppression of Fusarium wilt of watermelon by soil amendment with hairy vetch. Plant Disease, 2004, 88: 1357-1365.